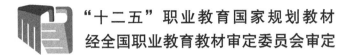

"十二五"职业教育国家规划教材
经全国职业教育教材审定委员会审定

高等应用型人才培养规划教材

After Effects 视频特效实用教程
（第 3 版）

江永春　主　编

王萍萍　葛艳玲　副主编

张贞贞　王爱锋　李美满　单　娟　编　著

U0303338

电子工业出版社

Publishing House of Electronics Industry

北京·BEIJING

内 容 简 介

本书详细介绍了 After Effects CS6 的功能和应用技巧。全书共 10 章，从引导读者了解视频特效合成行业及数码视频的概念开始，渐进地阐述 After Effects CS6 的基本使用方法，通过精心设计的实例，使读者掌握 After Effects CS6 软件的使用方法和技巧。本书内容包括：影视特效后期合成基础、After Effects 入门、层及层的动画、After Effects 三维合成、After Effects 文字特效、After Effects 遮罩和键控、After Effects 色彩修正、After Effects 仿真特效、After Effects 跟随动画设计和综合实例等。

本书可作为本科院校、高职院校数字视频编辑等相关专业的教材，也可供数码艺术设计爱好者参考。

图书在版编目（CIP）数据

After Effects 视频特效实用教程/江永春主编. —3 版. —北京：电子工业出版社，2014.8（2024.3重印）
高等应用型人才培养规划教材
ISBN 978-7-121-23284-8

Ⅰ. ①A… Ⅱ. ①江… Ⅲ. ①图象处理软件－高等职业教育－教材 Ⅳ. ①TP391.41

中国版本图书馆 CIP 数据核字（2014）第 107072 号

策划编辑：吕　迈
责任编辑：张　京
印　　刷：固安县铭成印刷有限公司
装　　订：固安县铭成印刷有限公司
出版发行：电子工业出版社
　　　　　北京市海淀区万寿路 173 信箱　邮编　100036
开　　本：787×1092　1/16　印张：15.75　字数：403.2 千字
版　　次：2007 年 10 月第 1 版
　　　　　2014 年 8 月第 3 版
印　　次：2024 年 3 月第 19 次印刷
定　　价：33.00 元

凡所购买电子工业出版社图书有缺损问题，请向购买书店调换。若书店售缺，请与本社发行部联系，联系及邮购电话：(010) 88254888，88258888。

质量投诉请发邮件至 zlts@phei.com.cn，盗版侵权举报请发邮件至 dbqq@phei.com.cn。

本书咨询联系方式：(010) 88254569，xuehq@phei.com.cn，QQ1140210769。

前　言

After Effects 是由在视觉设计领域享有盛名的 Adobe 公司推出的一款影视特效合成软件。它以人性化的操作界面、强大的合成工具、丰富的视觉效果促进了影视特效制作的发展。特别是新版本 After Effects CS6 的发布，使得它的性能变得更为优越，功能得到了极大提高，效果更出色。利用与其他 Adobe 软件的集成，以及数百种预设的效果和动画，能为电影、视频、DVD 和 Flash 作品增添令人激动的效果。

本书在第 2 版的基础上，对其内容进行了合理的编排，更加注重理论与实践的结合。特别是每章精选的实例，把该章的知识点加以贯穿，通过对实例的操作进一步体会 After Effects CS6 的功能和操作技巧，同时也体会到短片的设计思想和创意。

本书共 10 章，内容如下。

第 1 章介绍影视特效行业的基本情况及主流的合成软件，通过热身运动"飞机导航图制作"来了解用 After Effects CS6 制作影片的基本流程。

第 2 章介绍 After Effects CS6 的工作环境，主要包括基本参数设置和各工作窗口的功能及其使用。

第 3 章介绍 After Effects CS6 中层的概念、层的常用模式及关键帧动画的设置、应用。

第 4 章介绍 After Effects CS6 的三维空间合成工作环境、摄像机和灯光的建立及使用等知识。

第 5 章介绍在 After Effects CS6 中对文字特效的设置、文字的区域编辑及文字动画的制作方法。

第 6 章介绍建立和编辑遮罩的方法、遮罩动画制作的过程、键控的类型及使用方法等。

第 7 章介绍在 After Effects CS6 中使用色彩校正命令调整视频片段的色调和色彩等内容。

第 8 章介绍 After Effects CS6 的仿真特效参数设置及使用，特别是粒子运动场破碎特效。

第 9 章介绍 After Effects CS6 中跟踪技术及表达式控制的使用方法。

第 10 章为 After Effects CS6 的综合实例。

本书由青岛大学江永春主编，青岛大学王萍萍、葛艳玲副主编，北京财贸职业学校张贞贞、滨州学院王爱锋、广东理工职业学院李美满、青岛科技大学单娟编著。其他参编人员有：于燕君、高晶、赵海宇、赵俊莉、孙宏仪、赵凤芹、董岳杭、王娟娟、李晓兵。

由于编者水平有限，且编写时间仓促，难免有疏漏和不足之处，恳请广大读者批评指正。

编著者

目 录

CONTENTS

VI

第 1 章

影视特效后期合成基础

本章学习目标：

➢ 什么是合成技术；

➢ 常用的影视特效后期技术软件简介；

➢ After Effects CS6 的基础知识；

➢ After Effects CS6 的工作流程。

本章首先介绍影视特效后期合成技术的基本概况，使读者了解 After Effects CS6（下文均简称为 After Effects）的基本功能和视频编辑的基础知识，然后通过一个简单实例引导读者使用 After Effects，掌握利用 After Effects 制作影片的步骤。

1.1 影视特效后期合成基础概述

1.1.1 什么是合成技术

随着计算机图形图像技术的发展，影视特效后期合成技术经过不断的创新，在影视动画制作中发挥了越来越重要的作用。

特效是指特殊的效果、一种使用专门的效果软件制作出来的效果，它包括对自然界现象的数字化模拟，如通过集群动画、粒子动画等制作出大自然的雨、雪、云、雾等效果，也包括各种水波、弧光、烟火、爆炸、光电等人工效果。

合成是运用计算机图像学的原理和方法，将多种素材（图像、电影素材、动画、文本或声音等）合并在一起的过程。

天气预报节目就是一个典型的合成范例。

1.1.2 主流的影视特效后期合成软件

❯ 1．Discreet 公司的数字合成系统

最为专业的后期合成软件是 Discreet 公司的 Inferno、Flint、Flame，是运行在 SGI 工作站上的高端合成软件，其价格极其昂贵。

Combustion 是 Discreet 公司将原来的 PC 合成软件 Paint 和 Effects 进行合并推出的一款合成软件,它吸取了 Discreet 的 Inferno、Flame 和 Flint 获奖系统的抠像、颜色纠正和动态跟踪等技术,将许多以前只在 SGI 工作站上才有的制作功能移植到 NT 系统中,不但制作手段和制作过程同 SGI 工作站完全相同,而且可以同高档工作站共享制作参数。值得一提的是,Combustion 可以使用 90%的 After Effects 外挂插件,甚至可以将 After Effects 内部功能引入软件内部来使用。Combustion 工作界面如图 1.1 所示。

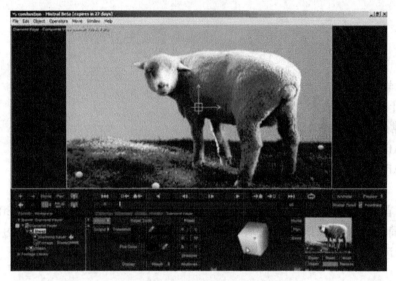

图 1.1　Combustion 工作界面

▶2. Avid 公司数字合成系统(美国):Avid DS(合成模块)

Avid DS 是集合成与编辑于一身的非常全面的后期制作软件系统,如图 1.2 所示,其合成模块来自 Avid 当年最为强大的合成软件 Media Illusion,并且在其基础上有所提升,主要以流程方式进行合成。

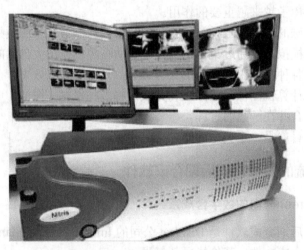

图 1.2　Avid DS 硬件及软件界面

3．Quantel（宽泰）公司数字合成系统（英国）：GenerationQ

Quantel 公司推出的后期合成系统 GenerationQ 具有强大的功能、完全可分级性，可提供高利润的解决方案，如图 1.3 所示。

（a）　　　　　　　　　　　　（b）

图 1.3　宽泰硬/软件系统

4．Apple（苹果）公司数字合成系统（美国）：Shake

自诞生以来，Shake 一直是获得奥斯卡特效奖的艺术家们特效制作的选择，现在更为 Power Mac G5 和 Mac OS X 做了优化，适用于所有的分辨率。多年来，Shake 的艺术家们不断将奥斯卡视觉特效奖拿回家，其中包括《魔戒三部曲：国王归来》。

Shake 工作界面如图 1.4 所示。

不受分辨率限制的浏览窗口　　　　　　　　无线枢工作空间

全曲线编辑动画　　　　　　　　自定义属性

图 1.4　Shake 工作界面

5．Adobe 公司数字合成系统（美国）：After Effects

Adobe 公司的 After Effects 一直是最流行的 PC 平台视频合成软件之一，也是本书的重点，其主要特点体现在以下几方面。

（1）优化 OpenGL。OpenGL 是一种跨平台的二维和三维图像加速的渲染标准，使用 OpenGL 可以加速二维和三维图像的渲染速度，大大提高了在屏幕上渲染的速度和交互性。在调整灯光、摄像机、图层变形、文字层、阴影时，只要计算机的速度足够快，就可以实时看到操作结果。另外，它对最新的处理器也进行了优化，而且支持 Intel 的 HT（超线程）技术。

（2）与 Adobe 家族系列软件结合使用。与 Adobe Photoshop 结合使用，可以导入带有多个图层的图像文件；与 Adobe Premiere 结合使用，Premiere 形成的项目文件可以导入 After Effects 来直接使用。

▶6．Eyeon 公司数字合成系统（加拿大）：Digital Fusion

加拿大 Eyeon 公司推出的 Digital Fusion 合成软件，以节点流程方式进行视频合成，即每进行一步合成操作都要调用相应的功能节点，若干节点构成一个流程，从而完成整个合成操作。这种方式与 After Effects 以图层方式进行图像合成的方法截然不同，操作虽然没有那么直观，但逻辑性很强，能够实现非常复杂的合成效果。Digital Fusion 工作界面如图 1-5 所示。

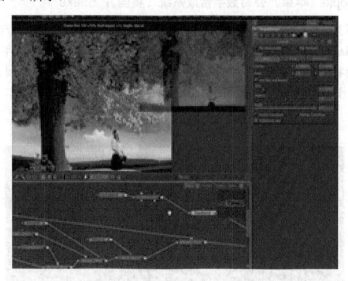

图 1.5 Digital Fusion 工作界面

其他数字合成软件还有 Commotion、5DCyborg、Houdini 等。

▽ 1.2 After Effects 可以做什么

After Effects 是 Adobe 公司推出的重要的影视后期制作软件产品，它是一款用于高端视频特效系统的专业特效合成软件，是为动态图形图像、网页设计人员及专业的电视后期编辑人员提供的功能强大且高效的创建动态图形和视觉效果的影视后期合成处理软件。其简单友好的用户界面、方便快捷的操作方式，使得视频编辑的难度大大降低。从简单的视频处理到复杂的影视特效，After Effects 都能应对自如。

After Effects 可以帮助用户高效、精确地创建无数种绚丽的动态图形和视觉效果。利用与其他 Adobe 软件的紧密集成，高度灵活的 2D、3D 合成，以及数百种预设的效果和动画，能为电影、视频、DVD 和 Adobe Flash 作品增添动人的效果。

（1）强有力的合成：针对视频、音频、静帧、动画文件进行无限层画面合成。

用 Adobe 标准的钢笔工具或其他易于使用的绘图工具创建复杂的游动的蒙版，然后将这些蒙版用各种各样的特性应用到图像上。每层画面最多可以有 128 个打开或关闭的路径。

（2）无压缩动画控制：每层画面的动画属性（如位置、旋转、缩放、透明度等）都可加到无限数量的关键帧点。

用运动草图绘制运动轨迹并记录其速度，就像在纸上画手绘画一样简单，实时采集运动路径，模拟真实自然物体的不规则运动。

（3）先进的特效：使文字沿着既定的路线运动，还可加各种特效，如拖尾、字母旋转等。

（4）Adobe 家族产品的无缝集成：常用的 Adobe Photoshop 图层效果、混合模式、蒙版、透明度等合成到 After Effects 后，都能维持原始状态；文字可进行编辑，路径可作为蒙版和动画路径。当然，After Effects 中也可导入 Adobe Illustrator 源文件和 Adobe Premiere 方案并保持完整性。

（5）输入/输出格式：可便捷地输入 mov、Psd、Ai、Tiff、Tga、Bmp、静帧图像序列、FLV、Wav 音频等各种电子图像文件。

可便捷地输出 Quick time、Gif 动画、Photoshop、Tga、Tiff、静帧图像序列、FLC 等各种电子图像文件。

对于 Windows 格式，可输入/输出 Avi 文件。

1.3 视频基础知识

1.3.1 电视制式

电视信号采用的编码标准不同，形成了不同的电视制式。电视制式是指一个国家的电视系统所采用的特定制度和技术标准。具体来说，目前世界上共有 3 种电视制式，大部分国家（包括欧洲多数国家、非洲、澳洲和中国）采用 PAL 制式，采用 25 fps 帧速率；美国、日本、加拿大等国采用的是由美国国家电视标准委员会（NTSC）制定的 NTSC 制式，采用 29.97 fps 帧速率；SECAM 制式主要用于法国及东欧国家。帧速率是指在播放视频时，每秒钟播放多少帧，帧速率取决于视频结果的最终用途。

1.3.2 电视扫描方式

电视扫描方式有如下两种。

▶1. 逐行扫描

顺序地分解像素和综合像素，这个过程称为扫描。逐行扫描的规律为从左到右、从上到下，扫完第一幅后扫第二幅，如此循环。如果扫描速度足够快，使换幅频率既高于动态景物运动连续感所需的换幅频率（也称为融和频率，20 Hz），又高于临界闪烁频率（45.8 Hz），则接收到的是既有连续感又无闪烁感的动态影像。由于上述扫描过程是逐行进行的，因此称为逐行扫描。

▶2. 隔行扫描

按照扫描原理进行逐行扫描，需要相当大的图像信号带宽来传送电信号，在技术上会有限制，而且成本高。解决的办法是采用隔行扫描。

电视采用隔行扫描是为了减小带宽。隔行扫描的原理是：将一帧画面分为两场扫描，即将扫描线分为两组，交叉进行扫描。电子束先扫描一帧的所有奇数行，称为奇数场；再扫描同一帧的所有偶数行，称为偶数场。两场光栅在重现图像上精确镶嵌，构成一帧画面。这样图像带宽可以减小一半。隔行扫描的优点是可以保证在图像清晰度无太大下降和画面无大面积闪烁的前提下将图像信号带宽减小一半。

1.3.3 数字视频的压缩

编辑数字视频主要包括存储、移动和计算大量的数据，数据量大是其主要特点。解决方法有两种：一是增加存储载体的容量；二是减少数字视频的数据量。目前作为数字视频主要存储载体的光盘和硬盘的技术发展得相当快，容量也大幅度提高，尤其是硬盘，容量以几万兆字节的速度增长。但即使这样，也难以承载数字视频巨大的数据量，而且这样做很不经济。在这种情况下，选择减少数字视频的数据量就是最明智的选择。

以舍弃一部分信息为代价，保留最重要的、最本质的信息，用新的编码方法来重构原来的画面，既减少重复信息又保证质量，以达到更高的数据压缩比，这就是视频压缩的实质。

压缩方法可以归类为无损压缩和有损压缩、对称压缩和不对称压缩等。

（1）无损压缩和有损压缩。根据信息在压缩过程中是否有丢失来划分，视频压缩可分为有损压缩和无损压缩两种。

无损压缩中，在解码后还原出来的数据与原始数据完全一致，不存在任何差别，即在压缩中没有丢失任何信息，能够精确地重构原始图像，是可逆编码方法。这种既能压缩信息量又不对信息造成任何影响的无损压缩方法最符合视频制作的要求。但是这种压缩方法有一定的适用条件，即它对那些内容重复比较多的信息压缩比最大，而对没有重复信息或重复信息很少的文件压缩比较小，这就限制了它在数字视频领域中的应用。

有损压缩在压缩过程中会丢失视频中的一些信息，解码后的图像与原始图像存在一定的误差，而且丢失的信息不能恢复，也称为不可逆编码方法。作为高质量的视频压缩手段，尽量丢掉了一些人眼视觉功能不需要的信息或人眼不敏感的信息，但解压缩后的信息与原始信息没有太大差别，在视觉效果上是可以接受的。这种压缩方法既保持了视频信号的高质量，压缩程度又很高。目前数字非线性编辑系统大都采用有损压缩的方式，而且压缩程度（即压缩比）可调，可以适应视频制作的不同要求。

（2）对称压缩和不对称压缩。

对称性是压缩编码的一个关键特征。

对称压缩指压缩与解压缩所需要的处理时间和处理能力相同。在节目制作中常用到这种方法。对称压缩适用于实时压缩和传送视频。

不对称压缩指在压缩和解压缩的过程中所需的处理能力不同，当然所需时间也不同。一般来说，在这种情况下需要很强的压缩处理能力，一旦压缩完成，解压缩过程就很简单、快速且可以多次使用。

1.4 热身运动：飞机导航图制作

1.4.1 实训目的

虽然本章还没有介绍关于 After Effects 软件的基本工作窗口与命令，但是这里主要通过一个简单的实例——飞机导航图制作，体会 After Effects 制作影片的流程，培养读者的学习兴趣。

1.4.2 实训操作步骤

实训具体操作步骤如下。

（1）启动 After Effects，打开 After Effects 的工作界面。选择"开始"→"程序"→"After Effects CS6"命令即可。

（2）在 After Effects 的工作界面中，新建一个合成。选择"图像合成"→"新建合成组"命令，弹出"图像合成设置"对话框，如图 1.6 所示。设置合成名称为"飞机导航图"，持续时间设为 5 秒，其他参数设置如图 1.6 所示。

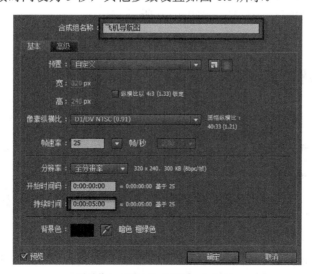

图 1.6 "图像合成设置"对话框

（3）导入素材。选择"文件"→"导入"→"文件"命令，弹出"导入文件"对话框，如图 1.7 所示。在此导入一个 Photoshop 格式的文件，导入方式选择"素材"。

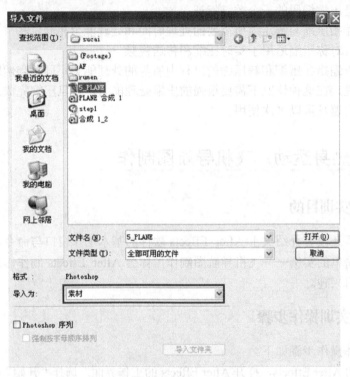

图 1.7 "导入文件"对话框

（4）单击"打开"按钮，弹出"图层选项"对话框，如图 1.8 所示。选中"选定图层"单选按钮，选择"图层 2"，单击"OK"按钮，可导入 5_PLANE.PSD 中图层 2 的内容作为素材，同样，采用相同的步骤，导入 5_PLANE.PSD 中图层 1 的内容。导入后素材被放在"项目"窗口中，如图 1.9 所示。

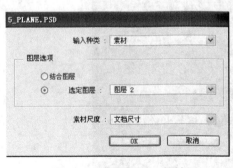

图 1.8 "图层选项"对话框　　　　　　　　**图 1.9 "项目"窗口**

（5）将素材拖入"时间线"窗口。分别将素材"图层 1"和"图层 2"拖入"时间线"窗口，如图 1.10 所示，飞机所在的图层在地图所在的图层之上。

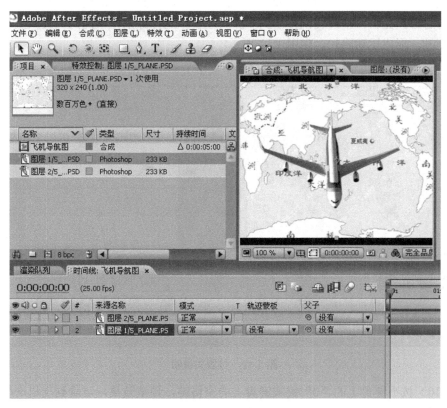

图 1.10 "时间线"窗口

（6）选中"飞机"图层，调整它的大小。

（7）下面将让飞机从大洋洲开始，分别经过南极洲、南美洲、北美洲、亚洲和非洲，产生一个动画。

（8）选中"飞机"图层，按键盘上的"P"键，打开"飞机"图层的"位置"属性，如图 1.11 所示。单击"位置"旁边的小闹钟图标，给它增加一个关键帧。

图 1.11 增加关键帧

（9）将时间指示器移动到时间线中 1 秒的位置，将合成预览窗口中的飞机移动到南极洲的位置；将时间指示器移动到时间线中 2 秒的位置，将合成预览窗口中的飞机移动到南美洲的位置；将时间指示器移动到时间线中 3 秒的位置，将合成预览窗口中的飞机移动到北美洲的位置；将时间指示器移动到时间线中 4 秒的位置，将合成预览窗口中的飞机移动到亚洲的位置；将时间指示器▽移动到时间线中 5 秒的位置，将合成预览窗口中的飞机移动到非洲的位置。这样分别在不同的位置产生相对应的关键帧，形成运动路径，如图 1.12 所示。

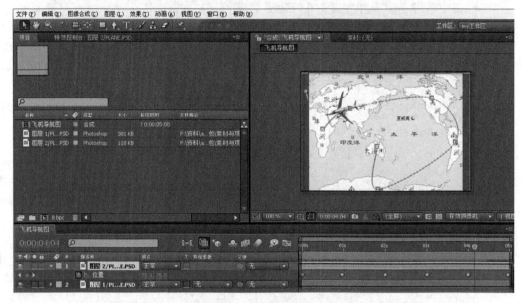

图 1.12　位置关键帧

（10）按小键盘上的"0"键或键盘上的空格键，预演效果，可看到飞机产生了运动。但是现在看到的是飞机的平移运动，这显然与事实不符。

（11）若要让飞机的运动方向随着位置的改变而改变，可选择"图层"→"变换"→"自动定向"命令，弹出"自动定向"对话框，如图 1.13 所示。选中"对准方向&路径"单选按钮，单击"OK"按钮，同时调整飞机的旋转属性，按键盘上的"R"键打开旋转属性，调整它的角度为 277°，如图 1.14 所示。

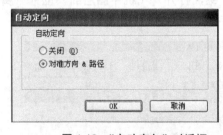

图 1.13　"自动定向"对话框

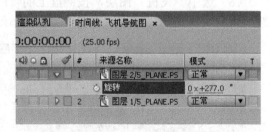

图 1.14　设置旋转属性

（12）按小键盘上的"0"键，预演效果。很清楚地看到飞机沿着运行路线正常运动。

（13）效果满意后输出片段。选择"图像合成"→"预渲染"命令，弹出"渲染队列"对话框，如图 1.15 所示。单击"渲染"按钮即可输出影片。关于渲染队列将在后面的章节进行详细介绍。

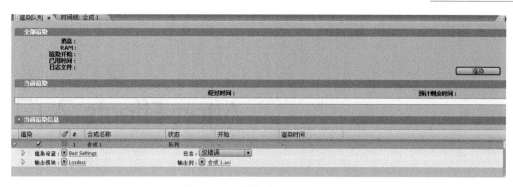

图 1.15 "渲染队列"对话框

思考与练习

1．填空题

（1）After Effects 是 Adobe 公司的一款＿＿＿＿＿＿＿软件。

（2）PAL 制式影片的帧速率是＿＿＿＿＿＿＿。

（3）隔行扫描的优点是可以保证在图像清晰度无太大下降和画面无大面积闪烁的前提下，将图像信号带宽＿＿＿＿＿＿＿。

（4）压缩方法可以归类为＿＿＿＿＿＿、＿＿＿＿＿＿等类型。

2．选择题

（1）如何在 After Effects 中创建自己的影片？
- A．选择"文件"→"新建"→"新建项目"命令和"合成"→"新建合成"命令；
- B．选择"文件"→"打开"命令；
- C．通过选择"文件"→"导入"命令将数字化的音频视频素材文件导入项目窗口中，并用鼠标将素材拖曳到"时间线"窗口中进行编辑；
- D．选择"文件"→"保存"命令，保存为一项工程。

（2）After Effects 属于下列哪种工作方式的合成软件？
- A．使用流程图节点进行工作；
- B．面向层进行工作；
- C．使用轨道进行工作；
- D．综合上面所有的工作方式。

3．简答题

（1）After Effects 的基本制作流程是什么？

（2）隔行扫描与逐行扫描的区别是什么？

第 2 章

After Effects 入门

本章学习目标：
- ➤ After Effects 的工作环境；
- ➤ 合成图像窗口和时间线窗口；
- ➤ After Effects 各面板的功能。

本章主要介绍 After Effects 的一些入门知识，通过对 After Effects 的工作界面、基础设置等的介绍，让用户对该软件有一个大致的了解，走入合成的世界。

2.1 After Effects 的工作环境

在 Windows 操作系统中，启动 After Effects，打开如图 2.1 所示的 After Effects 用户界面，默认新建了一个项目。After Effects 为用户提供了一个可伸缩的、可自由定制的用户界面。After Effects 的所有操作都是在该窗口中完成的，窗口内包括用户经常使用的多个面板窗口组，在默认设置情况下，面板的排列如图 2.1 所示，即"标准操作模式"，该模式是 After Effects 预设的 9 种模式之一。用户可以打开用户界面右上方的"工作空间切换"下拉菜单，从中选择预设的其他模式，或者选择"窗口"→"工作空间"下的 9 种预设模式之一。

标题栏上显示软件名称"Adobe After Effects"，紧随其后的是当前编辑的项目名称，每次启动 After Effects 软件都会自动建立一个新项目，名称为"Untitled Project. aep"，显示在标题栏中，如图 2.1 所示。保存项目后，标题栏中的项目名称随之改变。

菜单栏包括"文件"、"编辑"、"合成"、"图层"、"特效"、"动画"、"视图"、"窗口"、"帮助"9 个菜单。每个菜单包含若干命令，After Effects 的功能操作在菜单中基本都可以找到。每个菜单和命令的使用方法在后面的章节中会陆续介绍。

本章将介绍 After Effects 相关的参数设置及重要的窗口和面板。

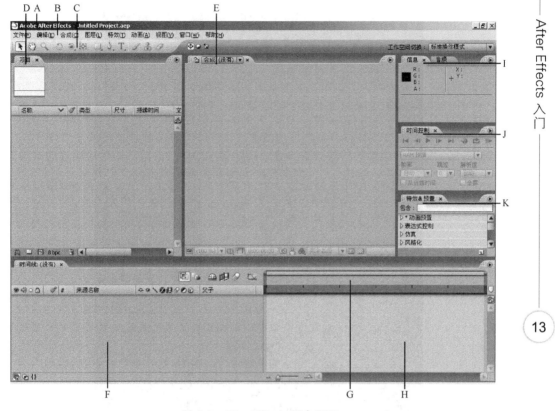

图 2.1　After Effects 用户界面

A—标题栏；B—菜单栏；C—工具栏；D—项目窗口；E—合成图像窗口；F—时间线窗口的控制面板区域；

G—时间线窗口的时间线区域；H—时间线窗口的层工作区域；I—信息和音频组合面板；

J—时间控制面板；K—特效&预置面板。

2.2　项目窗口

After Effects 所有的操作都是在项目中完成的。启动 After Effects，程序自动建立一个新项目，如果用户要手动建立新项目，可以选择"文件"→"新建"→"新建项目"命令。在编辑完成项目之后，需要把工作成果保存，选择"文件"→"保存"命令，设置保存文件的位置和保存文件名即可。

2.2.1　项目设置

建立项目之后，项目的属性是默认的，一般情况下，用户工作前需要预先对项目的属性进行设置。选择"文件"→"项目设置"命令，弹出"项目设置"对话框，如图 2.2 所示。

该对话框分为三栏，在"时间显示样式"栏中，可以设置项目中对象的时间基准。

（1）时间码：用于设置素材的开始位置。

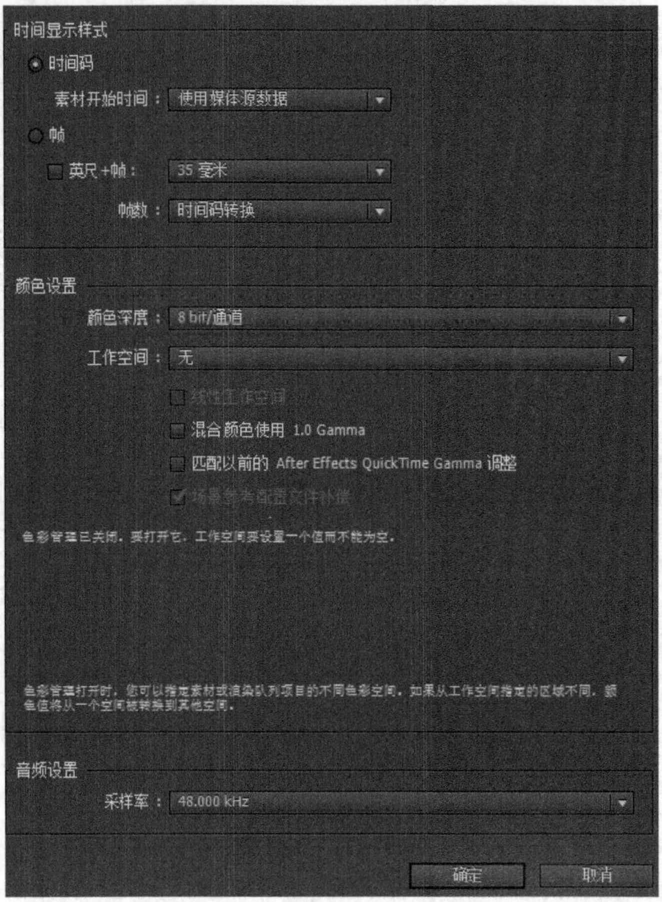

图 2.2 "项目设置"对话框

（2）帧：设置按帧显示。

（3）英尺+帧：仅用于编辑电影胶片，用于选择胶片的规格是 16 mm 还是 35 mm，据此可以计算出 16 mm 是每英尺 16 帧，35 mm 是每英尺 40 帧。

在"颜色设置"栏中，可以设置项目中使用的颜色深度和工作空间。

（1）颜色深度：即色彩质量，使用"位"表示。位是在图像中每个像素可以显示出的颜色数。通常默认选择 8 位/通道，如果是高品质的影像处理，选择 16 位/通道，如果进行高清晰影像处理，如 HDTV 等，可以选择 32 位/通道（浮动）。

（2）工作空间：用于设置编辑时使用的颜色编辑模式，如可以选择 Adobe RGB 模式、Apple RGB 模式等。

在"音频设置"栏中，可以设置声音的采样率。

2.2.2　导入素材

在应用程序窗口中，用户首先接触到的是项目窗口。它在应用程序窗口中的位置见图 2.1 中的 D，图 2.3 所示的是项目窗口。项目窗口的主要作用是导入素材、管理素材。

图 2.3　项目窗口

素材的导入方法有以下几种。

（1）在项目窗口中导入素材。可以选择"文件"→"导入"→"文件"命令，弹出"导入文件"对话框，如图 2.4 所示；或者在"项目"窗口中右击，在弹出的快捷菜单中选择菜单"导入"→"文件"命令；或者在"项目"窗口中双击，直接弹出"导入文件"对话框导入素材。在"导入文件"对话框中，当选择了文件夹后，也可以单击"导入文件夹"按钮直接导入整个文件夹，或者按住 Alt 键拖曳文件夹到"项目"窗口。

图 2.4　"导入文件"对话框

（2）连续导入素材。选择"文件"→"导入"→"多个文件"命令，弹出"导入文件"对话框，或者在"项目"窗口中右击，在弹出的快捷菜单中选择"导入"→"多个文件"命令，或者选中素材直接拖入"项目"窗口，在默认情况下图片按序列导入。

（3）导入序列文件。序列文件一般是由若干幅按一定顺序排列的图片组成的文件，常常由软件按序列图片的方式输出，每一幅代表一帧。通过选择"文件"→"导入"→"文件"命令后弹出的"导入文件"对话框导入，此时需选中序列的第一个文件，选择对话框下方的"序列图片"复选框，导入素材。

（4）导入 Premiere 项目文件。在 After Effects 中可以直接导入 Premiere 的项目文件，系统会为它自动建立一个合成图像，以层的形式包含 Premiere 的全部片段，此时会在项目窗口中产生一个子文件夹；如果 Premiere 项目中含有 bin，则 bin 以子文件夹的形式出现。

（5）导入 Photoshop 层文件。After Effects 中可以直接导入 Photoshop（*.psd）等带有层的文件。在导入该类型文件时，可以保留其所有信息，包括层信息、Alpha 通道、调节层、遮罩层等；可以选择导入为素材、合成、合成-保持图层大小三种方式，如图 2.5 所示。

当作为"素材"方式导入时，导入方法与导入一般素材相同，选择导入后会弹出"导入文件"对话框，选择要导入的类型、选定要导入的个别层或合并所有层即可，如图 2.6 所示。

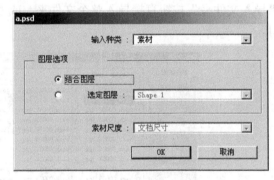

图 2.5　导入 Photoshop 层的对话框　　　图 2.6　层以"素材"方式导入的对话框

以"合成"方式导入，可以将 PSD 文件导入为一个合成图像素材，PSD 文件中原来的各个图层会变成 After Effect 合成图像窗口对应的图层，超出合成图像显示窗口的部分将被剪切掉。

以"合成-保持图层大小"方式导入，可以将 PSD 文件导入为一个合成图像素材，如果 Photoshop 中某个图层中的图像超出了它的显示范围，导入 After Effects 时，使用该导入方式仍然可以保留下来。

2.3　合成图像窗口

在 After Effects 中，要在一个新项目中编辑、合成影片，须建立一个合成图像，通过对各种素材进行编辑达到最后的合成效果。

2.3.1　建立合成图像

建立合成图像有 3 种方法：可以选择"图像合成"→"新建合成"命令，或者单击新建合成图像图标，或者直接在项目窗口中将产生合成图像的素材拖入新建合成图像图标。前两种方法都可以弹出"图像合成设置"对话框，如图 2.7 所示。

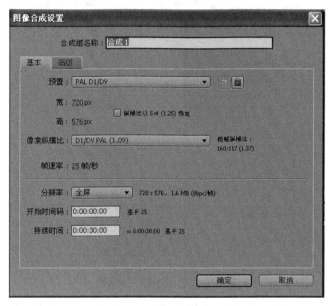

图 2.7 "图像合成设置"对话框

首先输入合成的名称，然后设置"基本"和"高级"两个选项卡。其中"基本"选项卡用于设置如下常见属性。

（1）"预置"：在下拉列表中，After Effects 预制了多项应用于不同用途的影片设置。

（2）"宽/高"：设置合成图像的尺寸，可根据不同用途进行尺寸的设置。

（3）"像素纵横比"：设置合成图像的像素宽高比，可在右边的下拉列表中选择预制的像素比。

（4）"帧速率"：可以在输入区内设置合成图像的帧速率。

（5）"分辨率"：在 After Effects 中编辑影片时，由于素材或特效的增加而导致系统速度降低，此时可以使用低分辨率显示，以加快编辑速度。

（6）"持续时间"：设置合成图像的持续时间长度。

切换到"高级"选项卡如图 2.8 所示。

（1）"定位点"：用户可以自定义合成图像的锚点。当对合成图像进行尺寸修改时，锚点的位置决定了如何显示合成图像中的影片。

（2）"快门角度"：当在时间线窗口中使用了运动模糊功能后，可以在文本框中定义模糊的强度。

（3）"快门相位"：该项可以输入运动模糊偏移的方向。

（4）"渲染插件"：在此可以选择进行 3D 渲染时所使用的渲染方式。

（5）"在嵌套或在渲染队列中时保持的帧率"：选择该项后，当前合成图像被嵌套到另外一个合成图像中后，仍然使用自己的帧速率；不选此项，则使用另外一个合成图像的帧速率。

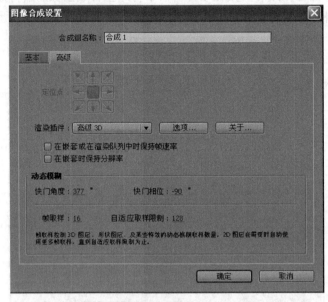

图 2.8 "合成设置"对话框

（6）"在嵌套时保持分辨率"：选择该项后，当前合成图像被嵌套到另外一个合成图像中后，仍然使用自己的分辨率；不选此项，则使用另外一个合成图像的分辨率。

2.3.2 合成图像预览窗口

在 After Effects 中，合成图像预览窗口有着举足轻重的地位，无论进行任何操作，都要通过合成图像窗口进行效果监视。

建立好合成图像后，在项目窗口双击该合成图像，会打开合成图像预览窗口，如图 2.9 所示。合成图像预览窗口分为显示区域和操作区域，上部最大的区域是显示区域，底部是操作区域，具体的操作按钮读者可自主打开学习。

图 2.9 合成图像预览窗口

2.3.3　在合成图像中加入素材

在 After Effects 中，可以用鼠标拖曳素材到合成图像窗口中，当出现素材的位置框时，继续在合成图像窗口中拖曳到合适的位置，松开鼠标，就把素材定位到了位置框显示的位置，如图 2.10 所示。

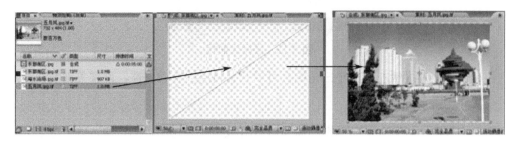

图 2.10　拖曳素材加入合成的过程

2.4　时间线窗口

在时间线窗口中，可以装配素材层，并对层的各种属性进行关键帧设置，从而产生动画。

在时间线窗口中可以调整素材层在合成图像窗口中的时间位置、素材长度、叠加方式及合成图像的渲染范围、长度等诸多方面的工具控制，它几乎包含了 After Effects 中的一切操作。时间线窗口以时间为基准对层进行操作。

时间线窗口包括三大部分：时间线区域、控制面板区域及层区域，如图 2.11 所示。

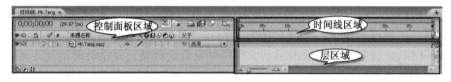

图 2.11　拖曳素材加入合成的过程

2.4.1　控制面板区域

After Effects 通过控制面板区域对层进行控制。默认情况下，系统不会显示全部控制面板，可以在面板上单击鼠标右键，在弹出的快捷菜单中选择显示或隐藏面板。

1. 素材属性描述面板

可以在素材属性描述面板中对影片进行隐藏、锁定等操作。

（1）👁：视频层显示或隐藏开关。

（2）🔊：此开关使合成图像在预视和渲染时，使用或忽略层的音频轨道。

（3）⚪：独奏按钮，该选项使合成图像窗口中仅显示当前层。

（4）🔒：用于确定是否锁定素材层。锁定后对象不能被操作。

2．层概述面板

层概述面板如图 2.12 所示，此面板主要包括素材的名称和素材在时间线的层编号，用户可以对素材属性进行编辑。

图 2.12　层概述面板

单击层概述面板左边的小三角图标可展开素材层的各项属性，设置关键帧动画。

3．开关面板

单击控制面板区左下角的图标🔲可以打开或折叠开关面板的按钮，里面有 8 个具体控制合成效果的图标 ，它们控制这层的各种显示和性能特点。下面从左往右分别介绍。

（1）退缩开关：可以将层标识为退缩状态，在时间线窗口中隐藏层，但该层仍可在合成图像中显示。选中需要退缩的层，单击退缩开关，该开关将会变成退缩状态。

（2）卷展变化/连续栅格开关：该开关控制嵌套合成图像的使用方式和对 Adobe Illustrator 的矢量文件进行栅格化操作，将其转化为像素图像。

（3）质量开关：素材在合成图像中的质量。

（4）特效开关：控制打开或关闭层的特效；可以打开或关闭应用于层的特效；关闭特效可以加快预览时间。

（5）帧融合开关：利用此开关可以为素材层应用帧融合技术。当素材的帧速率低于合成图像的帧速率时，After Effects 通过重复显示上一帧来填充缺少的帧。这时图像可能会出现抖动。利用此工具，After Effects 可以在帧之间插入新帧来平滑运动；当素材帧速率高于合成图像时，After Effects 会跳过一些帧，这时会导致运动图像抖动，这样 After Effects 会重组帧来平滑运动。使用帧融合会耗费大量的计算时间，可以为素材产生简单的拖尾效果。

（6）运动模糊开关：可以模仿真实的运动效果，它基于合成图像中层的运动和指定的快门角度产生真实的运动模糊效果，对素材内容无效。

（7）调节层开关：可以在合成图像中建立一个调节层来为其他层应用效果。在调节层上关闭该开关，则调节层显示为白色固态层。可以利用此功能把把普通层转化为调节层。

（8）3D 开关层：打开该开关，系统将当前层转化为 3D 层，可以在三维空间中对其操作。

4．层模式面板

层模式面板如图 2.13 所示，主要用来控制素材层的层模式、追踪遮罩等属性，是一个极为重要的面板。

5. 父子关系面板

可在父子关系面板中为当前层指定一个父层，如图 2.14 所示。当对父层进行编辑操作时，当前层也会随之变化。

6. 关键帧面板

关键面板提供了一个关键帧导航器，当为层设置关键帧后，系统会在该面板中显示关键帧导航器，用户可以在其中进行增加、删除和搜索等操作，关键帧面板如图 2.15 所示。

图 2.13　层模式面板

图 2.14　父子关系面板

图 2.15　关键帧面板

2.4.2　时间线区域

时间线区域包括时间标尺、时间指示器、当前工作区域及合成图像的持续时间等内容，它是时间线窗口工作的基准，承担着指示时间的任务。

（1）时间标尺。主要用于显示时间信息，默认情况下由零开始计时，时间标尺以项目设置中的时码为标准时间，每个合成图像中的时间标尺显示范围为该合成图像的持续时间，如图 2.16 所示。

图 2.16　时间标尺

（2）时间指示器。用来指示时间的位置，选中时间指示器，左右拖曳可以改变图像的时间位置。

（3）导航栏。利用导航栏可以使用较小的时间单位来进行显示，这有利于对层进行精确的时间定位，如图 2.17 所示。

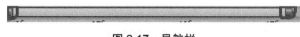

图 2.17　导航栏

按住鼠标左键拖曳导航栏左右两端的可视区标记，可以改变时间标尺的显示单位，最小显示为逐帧显示。用较小的时间单位来显示有利于对层的精确控制。

位于时间线窗口下方的时间线缩放工具　也可以用来改变时间标尺中时间的显示单位。该工具的功能类似于导航栏的功能，但它不能精确地控制缩放的入点、出点，请读者在操作过程中加以应用比较。

（4）工作区域。指定了预览和渲染合成图像的区域。通过在输出设置中的设定，可以指定系统渲染全部合成图像或工作区域内的合成图像。

通过拖曳两头的工作区标记为工作区域设定入点▌、出点▌，也可以对工作区域外的素材进行操作，但其不能被渲染。

2.4.3　层区域

将素材导入合成图像中后，素材将以层的形式以时间线为基准排列在层的工作区域，并显示层的入点和出点位置，如图 2.18 所示。

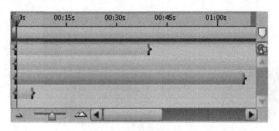

图 2.18　层区域

2.5　其他窗口

▶ 1. 流程图窗口

在项目窗口右侧的圆圈处有一个项目流程图按钮，单击它，打开窗口右侧的流程图。在流程图视图中，矩形块代表合成图像、层及任何应用的效果。矩形块通过带箭头的连线连接，直观地显示了元素间的关系，如图 2.19 所示。

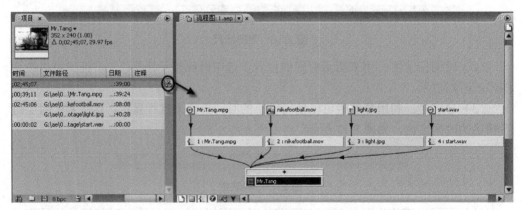

图 2.19　流程图窗口

▶ 2. 素材窗口

在默认的"标准操作模式"下不显示素材窗口，打开素材窗口有两种方式：一是在项目窗口中双击素材，随即打开素材窗口，并自动打开素材；二是选择"窗口"→

"素材"命令，也能打开素材窗口，但是窗口是空白的，若要预览素材，则需要把素材拖曳到素材窗口，或者直接双击素材。素材窗口如图 2.20 所示。

图 2.20　素材窗口

3．层窗口

在默认的"标准操作模式"下不显示层窗口，只有当项目中创建了合成图像后才显示层窗口。建立合成后，通过在时间线窗口中用鼠标双击选定的层打开层窗口，如图 2.21 所示。

图 2.21　层窗口

在层窗口中，用户可以设定视频的入点和出点，拖曳时间指示器可以预览层内容，还可以设置显示的遮罩或锚点路径等操作。

4．工具栏

After Effects 的工具栏在默认状态下紧紧停靠在菜单栏的下方，它在应用程序窗口中的位置见图 2.1 中的 C，图 2.22 所示是工具栏的完整图。

图 2.22　工具栏

利用工具栏上的工具可以对素材和遮罩进行操作，在合成图像窗口和层窗口中比较常用的工具有移动、缩放、旋转等，还可以建立遮罩或对遮罩进行编辑。

（1）▶选择工具：用于在素材窗口、合成图像窗口、层窗口或时间线窗口选择对象、移动对象。选择该工具，按住 Ctrl 键，则变为钢笔工具。

（2）✋手动工具：当窗口不能完全显示对象时，可以使用手动工具拖曳对象以便观看窗口范围之外的部分。

（3）🔍缩放工具：用于对对象进行放大或缩小操作，默认情况下该工具为放大工具，按住 Alt 键，该工具变为缩小工具，按住 Ctrl 键，则变为选择工具。

（4）↻旋转工具：只能在合成图像窗口中对对象进行旋转操作，按住 Ctrl 键，则变为选择工具。

（5）◉轨道摄像机工具：用于对摄像机进行旋转操作。它是一个复合工具，在它上面按住鼠标左键，弹出其他两个摄像机工具：✥*XY* 摄像机工具，可在 *XY* 坐标系的二维空间对摄像机进行移动操作；*Z* 摄像机工具，可在 *Z* 坐标轴上对摄像机进行移动操作。结合这些工具，可以对摄像机的三维空间位置进行调整。按住 Ctrl 键，则变为选择工具。

（6）✜中心点工具：可以使用该工具在合成图像窗口和层窗口中改变对象的中心点位置。按住 Ctrl 键，则变为选择工具。

（7）▭矩形遮罩工具：可以使用该工具在合成图像窗口和层窗口中为对象建立矩形遮罩。按住 Ctrl 键，则变为选择工具。在它上面按住鼠标左键，可以打开◯椭圆遮罩工具。可以使用该工具在合成图像窗口和层窗口中为对象建立椭圆形遮罩。按住 Ctrl 键，则变为选择工具。

（8）✎钢笔工具：在合成图像窗口和层窗口中添加用户自定义路径形状的遮罩，在它上面按住鼠标左键，弹出其他三个工具：增加节点工具✎*、减少节点工具✎、路径曲率调整工具＾。它们分别可以给路径增加节点、删除节点、调整路径的顶点的弯曲度。

（9）**T**横排文本工具：在它上面按住鼠标左键，可以打开竖排文本工具**T**。利用这两个工具可以在合成图像窗口中建立横排或竖排的文本层，结合字符面板可以对文本进行格式化。

（10）✐笔刷工具：在层窗口中使用该工具可以对层进行色彩的描绘。

（11）♨图章工具：它只能在层窗口中以克隆的方式对层中特定的内容进行复制操作，它的功能类似于 Adobe 公司其他产品中的图章工具。

（12）✐橡皮擦工具：它只能在层窗口中擦除不需要的内容。

（13）✥当前坐标系、◯世界坐标系、视图坐标系：决定了合成项目中使用的坐标系种类。

◸ 2.6 影视片段：穿越时空的 LOGO 运动

2.6.1 实训目的

本节将通过一个实例，利用 After Effects 的工作环境及窗口设置等相关的知识点，带领读者初步走入合成的世界。

在一些电视广告中经常看到，将企业的 LOGO 融入自然场景中，以产生一种壮观宏大的景象。下面将 Adobe 的 LOGO 融入大海、田野、沙漠、都市等场景中，以显示 Adobe 无处不在。分别制作四个场景镜头，然后将镜头拼接在一起即可。

2.6.2 实训操作步骤

在本实例中，以分镜头的形式进行制作，主要有四个分镜头：大海、沙漠、都市和 LOGO 定格。前三个镜头差不多，所以在此以沙漠分镜头为例进行讲解，其他两个读者自行练习制作。

❯ 1. 分镜头：沙漠

（1）启动 After Effects，打开其工作界面。

（2）一般情况，需要使用 After Effects 进行初始化设置。在此选择"参数"对话框中的"媒体与磁盘缓存"界面，如图 2.23 所示。

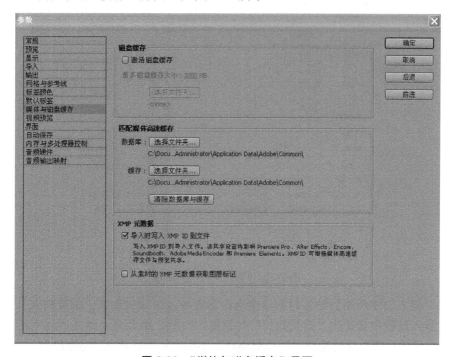

图 2.23 "媒体与磁盘缓存"界面

建议勾选"激活磁盘缓存"选项，启用磁盘缓存，并指定一个较大的空间作为磁盘缓存，它可以将预览过的内容保存在指定的存盘内，下次对内容进行修改后，仅计算新改动的内容，这样可以大大提高预览速度。

（3）在应用程序窗口中，用户首先接触到的是"项目"窗口，这是一个导入和管理素材的窗口，如图 2.24 所示。

（4）在"项目"窗口中导入素材。在"项目"窗口中双击鼠标左键，会弹出"导入文件"对话框，如图 2.25 所示。

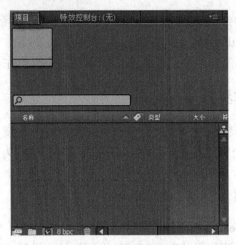

图 2.24 "项目"窗口

图 2.25 "导入文件"对话框

（5）将本例中所用到的素材都以全选的形式导入，除文件夹"跳舞的人"之外。注意在导入过程中会弹出"定义素材"对话框，如图 2.26 所示。这是因为有的素材中有 Alpha 通道，需要手动指定一下。Alpha 通道可以保存图像的透明度信息。单击"自动预测"按钮，系统会自动识别。单击"确定"按钮，导入素材。

（6）导入序列图片。在"项目"窗口中双击鼠标左键，在弹出的"导入文件"对话框中双击"跳舞的人"，可以看到该文件夹中有许多带有序号的图片。选择第一张图片，注意选择对话框下方的"Targa 序列"复选框，如图 2.27 所示。单击"打开"按钮，在弹出的"定义素材"对话框中单击"确定"按钮，将素材导入到项目窗口中。

（7）建立一个合成。在"项目"窗口中选中素材"沙漠"，按住鼠标将其拖曳到"时间线"窗口中，如图 2.28 所示。刚才拖入的素材自动产生一个合成，同时在合成窗口中显示影像并在"时间线"窗口中显示为层。

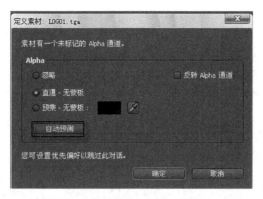

图 2.26 "定义素材"对话框

图 2.27 导入序列图片

（8）合成窗口与"时间线"窗口是密不可分的，每一个合成总是同时有其合成窗口和"时间线"窗口。

（9）在"项目"窗口中选择素材"Adobe Logo.ai"，按住鼠标将其拖曳到"时间线"窗口中。

（10）将 LOGO 融入沙漠中，首先需要调整 LOGO 的三维角度。仅用平面的旋转达不到所需效果，需要在三维空间中旋转 LOGO。After Effects 可采用两种方法来实现：一种方法是将目标对象转换为一个 3D 图层，在真实的三维空间中操作，这种方法将在后面的章节中进行学习；第二种方法是利用特效来产生三维效果，虽然这种是假三维。不管是真是假，只要实现效果就足够了，这里使用第二种方法。

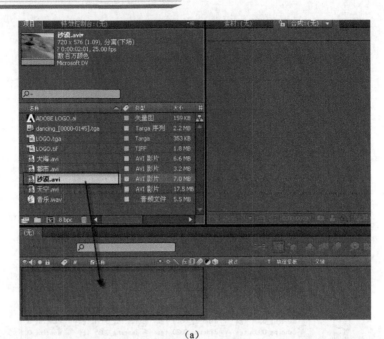

图 2.28　合成窗口

(11) 在"时间线"窗口中右击层"ADOBE LOGO.ai"，会弹出如图 2.29 所示的菜单。选择"效果"→"旧版本"→"基本 3D"命令。建立一个虚拟的三维空间，在三维空间中对对象进行操作，沿水平坐标或垂直坐标移动层，制作远近效果。同时，该效果可以建立一个增强亮度的镜子反射旋转时的光芒。默认情况下，增强亮度的镜子光源来自于上面的、旁边的和左边的观察点。

(12) 设置其参数如图 2.30 所示，"旋转"参数设置为-25°，"倾斜"参数设置为-65°，LOGO 和海面的角度基本一致了。

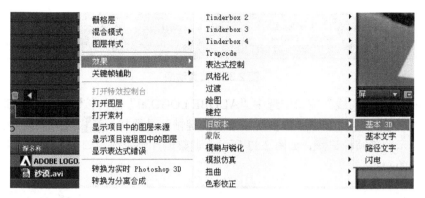

图 2.29　菜单

图 2.30　LOGO 的三维变形设置

（13）注意 LOGO 的角度与海面角度仍有一点差异。下面调整一下 LOGO 的旋转度数。在"时间线"窗口中单击层"ADOBE LOGO.ai"，按键盘上的 R 键展开该层的旋转属性，设置其旋转角度为 10°，如图 2.31 所示。

图 2.31　旋转属性设置

（14）为 LOGO 设置关键帧动画。主要使用层的五大属性设置动画，该部分内容将在第 3 章做详细讲解，在此会操作即可。

（15）在"时间线"窗口中选中"ADOBE LOGO.ai"层，按键盘上的 P 键展开该层的位置属性，当播放头在 0 秒时，单击关键帧记录器按钮，激活该按钮，层的下方会显示关键帧标记，如图 2.32 所示。调整图片到合成窗口的右下方位置，作为位置动画的起点。

图 2.32　位置动画

（16）在"时间线"窗口中选中"ADOBE LOGO.ai"层，按键盘上的 S 键展开该层的缩放属性，当播放头在 0 秒时，单击关键帧记录器按钮![icon]，激活该按钮，层的下方会显示关键帧标记![icon]，如图 2.33 所示。调整图片到合成窗口的右下方位置，作为缩放动画的起点。

图 2.33　缩放动画

（17）需要两个关键帧才能产生动画。在开始部分添加关键帧，记录 LOGO 的位置和大小属性状态，接下来需要在影片的结尾部分指定 LOGO 的状态。

（18）将时间线中的播放头![icon]拖曳到影片的结束位置，选中"ADOBE LOGO.ai"层，按键盘上的 S 键展开该层的缩放属性，设置其参数为 22%，可以看到 LOGO 缩小了。

利用同样的方法设置其位置参数，如图 2.34 所示。同时可以看到画面中出现了一条运动路径，指明了它的运动方向。在层的位置和缩放属性中自动记录了关键帧。

图 2.34　运动路径设置

（19）为 LOGO 改变颜色。选中"ADOBE LOGO.ai"层，选择"效果"→"生成"→"填充"命令，在"特效控制台"面板中为 LOGO 设置米黄色，如图 2.35 所示。

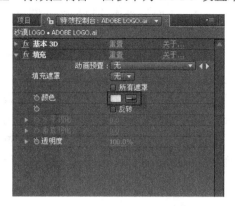

图 2.35　设置"填充"属性

（20）投射到沙漠中的影子应该是透明的，并和沙漠重叠。下面通过设置层的混合模式来达到该效果。在"时间线"窗口中，单击层"ADOBE LOGO.ai"的模式面板下方的参数，弹出列表参数栏。选择"叠加"混合模式，可以看到合成窗口中的 LOGO 与沙漠融合在一起了，如图 2.36 所示。注意，如果在"时间线"窗口中找不到模式面板，单击窗口左下方的按钮，或者按 F4 键切换即可。

图 2.36　图层混合模式效果

（21）按"空格"键或在"预览控制台"面板中单击播放按钮播放影片，可以看到 LOGO 投影在沙漠上掠过，效果已经不错了。但是还有个问题，沙漠是高低起伏的，所以投影也应该随之起伏。通过下面的操作让投影随沙漠起伏。

（22）选择 LOGO 层，选择"效果"→"扭曲"→"置换映射"命令，在打开的"特效控制台"面板中设置其参数，如图 2.37 所示。"置换映射"特效以指定的层作为置换图，参考其像素颜色值，位移水平和垂直的像素为基准变形层，这种由置换图产生的变形特技效果可能变化非常大，其变化依赖于位移图及设置的选项，可以使用当前合成中的任何层作为置换图。After Effects 将置换图的层放在要变形的层上，指定哪个颜色通道基于水平和垂直位置，并以像素为单位指定最大位移量，对应指定的通道置换图中的每个像素的颜色值，用于计算图像中对应像素的位移。

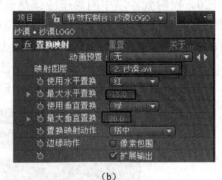

　　　　　　(a)　　　　　　　　　　　　　　　　　(b)

图 2.37　"置换映射"参数设置

（23）在影片中加入宣传语，即广告字幕。字幕对于一部广告片来说是非常重要的，它不但可以起到点题、说明注释的作用，还是画面的组成要素，让画面更加饱满和谐。所以，在制作字幕时，需要着重考虑的是文字的构图、颜色、字体等。要让它和画面环环入扣、完美和谐。

（24）在影片中加入 LOGO。选择项目窗口中的"ADOBE LOGO.ai"，将其拖到时间线中。选择"效果"→"生成"→"填充"命令，在"特效控制台"面板中为 LOGO 设置米红色。利用缩放参数调整其大小。

（25）加入字幕。在 After Effects 中，单击工具栏中的文本工具 **T**，输入"创意宽广无限的遐想"，如图 2.38 所示。

（26）这组分镜头就制作到这里，其他两个分镜头的操作与此类似，在此不在赘述。下面制作最后一组定格分镜头。

▶ 2. 分镜头：LOGO 定格

（1）产生一个合成。在"项目"窗口中选择素材"天空.avi"，按住鼠标左键将其拖曳到窗口下方的新建合成按钮 ▦ 上，以素材方式产生一个合成，如图 2.39 所示。

（a） （b）

图 2.38 文本的设置与效果

图 2.39 新建合成

（2）在"项目"窗口中选择素材"LOGO.tga"，按住鼠标左键，将其拖曳到"时间线"窗口的"天空.avi"上方，如图 2.40 所示。

图 2.40 "时间线"窗口

（3）制作云层在 LOGO 上的反射效果。在"时间线"窗口中选两个层，按 Ctrl+D 组合键，复制层，如图 2.41 所示。

图 2.41 复制两个图层

（4）重命名刚复制的两个层。选择复制层"天空.avi"，按回车键，可以看到，层的名称被激活，处于可编辑状态。输入"天空反射"，按回车键。按照上面的方法将复制层"LOGO.tga"改名为"LOGO 蒙版"。选中图层，按住鼠标上下拖曳调整图层的前后位置，如图 2.42 所示。

图 2.42　图层的改名和位置移动

（5）因为反射是发生在 LOGO 上的，所以有必要将层"天空反射"约束在 LOGO 的形状下。单击层"天空反射"的"轨道蒙版"下拉列表，选择 Alpha 蒙版"LOGO 蒙版.tga"，如图 2.43 所示。

图 2.43　"轨道蒙版"设置

（6）可以看到，设定蒙版后，上方的层"LOGO 蒙版"不再显示。轨道蒙版可以让当前层以其上方层的 Alpha 或亮度通道为基准，产生蒙版遮蔽的效果。如果关闭图层 3 和图层 4，可以看到如图 2.44 所示的效果，这个效果需要读者去理解，看完后打开图层 3 和图层 4 的显示开关。

（a）

（b）

图 2.44　蒙版效果

（7）由于 LOGO 是立体的，所以云层投射在其上应该产生变形。应该用什么方法呢？根据前边的经验，一定是"置换映射"特技了。用右击层"天空反射"，选择"效果"→"扭曲"→"置换映射"命令，设置其参数，如图 2.45 所示。

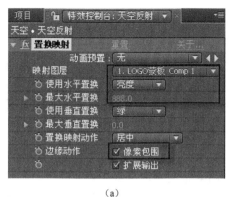
(a)

(b)

图 2.45 "置换映射"参数设置效果

（8）现在反射效果太强烈，几乎成了玻璃 LOGO。下面减弱反射效果，在"时间线"窗口中的层"天空反射"的模式下拉列表中将其层模式设为"添加"，展开该层的透明度属性，将不透明度设为 15%，效果如图 2.46 所示。

图 2.46 图层的设置效果

（9）将背景的天空设为灰色，使 LOGO 更加突出。在"时间线"窗口中右击层"天空.avi"，选择"效果"→"色彩校正"→"色彩平衡（HLS）"命令，该特效用于调整图像的 Hue（色相）、Lighmess（亮度）和 Saturation（饱和度）。将饱和度降为−100，如图 2.47 所示，可以看到背景的天空变为灰色。

（10）现在背景有些暗了，下面提亮背景。仍然选择层"天空.avi"，选择"效果"→"色彩校正"→"色彩均化"命令，如图 2.48 所示。可以看到，背景被提亮，对比度也加强了。"色彩均化"特效可以将图像的阶调平均化，它自动以白色取代图像中最亮的像素，以黑色取代图像中最暗的像素；平均分配白色与黑间的阶调，取代最亮与最暗之间的像素。

图 2.47　色彩平衡（HLS）设置　　　　　　　　　　　　　图 2.48　色彩均化

（11）在 LOGO 上放置一个舞者。通过对比，更可以体现出 LOGO 的巨大。在"项目"窗口中选择素材"dancing"，按住鼠标左键将其拖曳至时间线中。

（12）在"时间线"窗口中将层"dancing"移动到层"LOGO"下方，按 S 键展开其缩放属性，将其缩小到 30%，在合成窗口中将舞者移动到如图 2.49 所示的位置。

（13）插入文字。选择 T 工具，在合成窗口中单击，输入"创意无限"。在"文字"面板中调整文字字体、大小、间距和颜色，并将文字移动到图 2.50 所示的位置。读者可根据自己的喜好设置不同的文字艺术效果。

36

图 2.49　素材的放置　　　　　　　　　　　　　　　图 2.50　文字输入

最后一组分镜头到这里就制作完毕了。接下来需要将所有的分镜头串接在一起，形成一个完整的影片。

▶3. 将分镜头串接成影片

（1）在项目窗口中按照"大海"、"沙漠"、"都市"、"天空"的顺序选择 4 个合成，注意项目窗口中标识合成的图标为 ▣ 。

（2）按住鼠标左键，将选定的 4 个合成拖曳到窗口下方的 ▣ 上，弹出如图 2.51 所示的对话框。当使用多个素材产生合成时，该对话框会弹出，要求指定合成产生的方法。

选中"单组合成"单选按钮，单击"是"按钮，产生一个新合成。可以发现，新合成中的层是由其他几个合成产生的，这种现象称为嵌套。

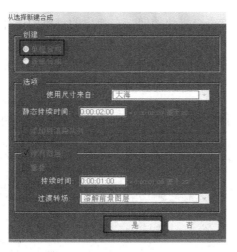

图 2.51 新合成

 提示：嵌套

　　After Effects 允许将合成作为一个层加入另一个合成，这种方式称为嵌套。

　　当合成作为层加入另一个合成后，对该合成所做的一切操作将影响其加入的另一个合成的层。而对该合成加入到另一个合成中的层所进行的操作不影响该合成。例如，将合成 A 加入合成 B，A 成为合成 B 中的一个层。对合成 A 所做的一切操作，如旋转、缩放、效果等，都会同时作用于其合成 B 中所对应的层；而对合成 B 对应的层所做的一切操作对合成 A 无影响。

　　（3）影片视频部分的制作到这里就结束了，下面为影片加入音乐。在"项目"窗口中选择素材"音乐.wav"，按住鼠标左键，将其拖曳至新产生的合成"大海 2"中。

　　（4）在"预览控制台"面板中单击 按钮，使用内存预演影片。注意：如果要预演音乐，记得激活 按钮。

　　（5）影片到这里基本完成了，但是还欠缺最后一步。需要将影片输入为一个通用的播放格式。After Effects 可以输出各种通用的视频格式，如 Windows 下的 AVI、MAC 下的 MOV、网络上通用的 WMV、RMVB、家庭用的 VCD 和 DVD 等。下面来看看如何将影片输出。

　　（6）选中要输出的合成，选择"图像合成"→"制作影片"命令，也可按 Ctrl+M 组合键，弹出"渲染队列"对话框，如图 2.52 所示。

图 2.52 "渲染队列"对话框

在"渲染设置"栏单击小三角按钮，在弹出的菜单中选择"最佳设置"；

在"输出组件"栏单击小三角按钮，在弹出的菜单中选择"自定义"，弹出如图 2.53 所示的对话框，选择适合的输出格式，在此采用常用的 Windows 下的 AVI。

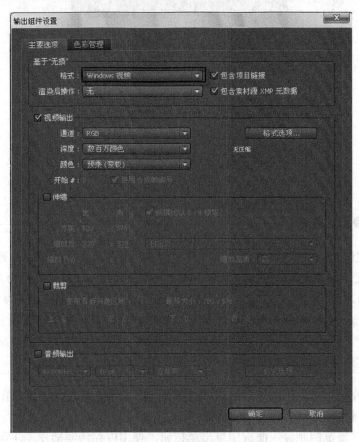

图 2.53 "输出组件设置"对话框

在"输出到"栏单击小三角按钮，设置输出的工作路径。

（7）设置完毕，单击"渲染"按钮，即可输出。关于输出格式，After Effects 能输出很多格式，读者可自行试验。

思考与练习

1. 填空题

（1）项目窗口的作用是_____、_____、_____。

（2）要在一个新项目中编辑、合成影片，首先要建立一个_____，通过对各种素材进行编辑，达到最后的合成效果。

（3）时间线窗口包括三大区域：_____、_____、_____。

2．选择题

（1）After Effects 中同时能有几个工程（项目处于开启状态）？

    A．有两个；

    B．只能有一个；

    C．可以自己设定；

    D．只要有足够的空间，不限定项目开启的数目。

（2）可以在下列哪个窗口中通过调整参数精确控制对象？

    A．项目窗口；   B．合成图像窗口；

    C．时间线窗口；   D．信息窗口。

（3）在"时间线"窗口中，图层左面的"独奏"开关的作用是：

    A．隐藏/显示当前选中的图层；

    B．打开/关闭当前所选图层包含的音频信息；

    C．对当前的图层进行连续栅格化；

    D．隐藏/显示除当前选择图层以外的其他图层。

（4）After Effects 使用的时间编码是：

    A．SMPTE；   B．Drop Frame；

    C．NTSC；   D．PAL。

（5）时间线面板可以：

    A．排列素材的顺序及图层的上下顺序；

    B．设定 Effects 动画；

    C．设定位置动画；

    D．施加 Effects 特技效果。

3．简答题

（1）在项目中导入素材的方式有哪些？

（2）时间线窗口的作用是什么？

第 *3* 章

层及层的动画

本章学习目标：
➤ 掌握 After Effects 中层的概念及创建；
➤ 掌握 After Effects 中层的变换属性；
➤ 掌握 After Effects 中关键帧动画属性。

3.1　层的概念

After Effects 对素材的编辑是基于层来进行的，层是 After Effects 进行视频合成的基本单位，对层的理解与掌握是学习 After Effects 二维和三维合成的基础。在 After Effects 中，层的使用与 Photoshop 中层的用法有很多相似之处，但是它具有运动的能力，从这一点来说，After Effects 就是一个会"动"的 Photoshop。

在 After Effects 中可以将层想象为透明的幻灯片，可以把不同的素材放置在各个幻灯片上，然后一片片地叠加，从最上层透过透明幻灯片往下观看就可以看到底层的幻灯片。如图 3.1 所示，合成窗口中的效果是由四个层叠加起来形成的完整画面，上面层的内容覆盖下面层的内容，没有内容的部分直接透出下一层的内容，总是优先显示上面层的内容。

图 3.1　层的叠加效果图

如图 3.2 所示是在三维空间上组成画面的四个层的叠加顺序。

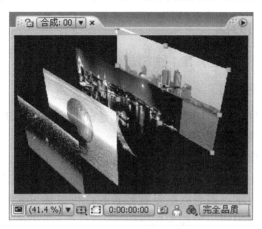

图 3.2 层的叠加顺序

3.2 层的创建

在 After Effects 中，合成中所有的对象都是以层的形式使用的，合成项目中可以包括若干个层。层的管理是在"时间线"窗口中进行的。

3.2.1 层的类型

After Effects 中使用的层可以分为以下 9 种。

（1）素材层：该类型的层是从"项目"窗口中把素材直接拖曳到"时间线"窗口中自动形成的。

（2）文本层：该类型的层使文本以层的形式独立存在于合成中，可以通过对层应用特技效果来实现文本效果制作。

（3）固态层：一种单色层，可添加特技效果，并进行移动缩放等操作，可以理解为一种媒介层。

（4）灯光层：针对三维层产生灯光效果的层。可以模拟灯光效果来突出三维空间的层次。

（5）摄像机层：用于创建摄像机的动画效果。

（6）空对象层：一种不会被输出显示的层，可用于父子连接。

（7）调整图层：一种用于添加效果来影响其他层的显示效果的透明层，它的作用是对其下面的所有图层应用同一效果。

（8）合成图像层：在一个项目中可以有多个合成，单独的合成可以作为层加入其他合成中，以这种方式创建的层称为合成图像层。

（9）Adobe Photoshop 文件层：在 After Effects 中，可以直接新建一个 Photoshop 文件作为层。

（10）形状图层：该类型图层是 After Effects 新增的功能，主要用来创建矢量图形。

3.2.2　层的创建方法

在 After Effects 中，创建层有 4 种方法。

▶1．使用素材创建层

素材层是由"项目"窗口中调入的素材创建的层，可以将项目中导入的素材加入到合成图像中，即组成了合成图像的素材层。

生成素材层的操作方法有如下两种。

方法 1：在"项目"窗口中选择素材，用鼠标直接拖曳到合成窗口或"时间线"窗口即可，如图 3.3 所示。若导入的是视频素材，可以通过素材窗口来设置其入点和出点，以决定使用素材的哪一段作为层。

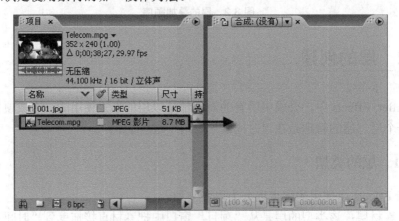

图 3.3　拖曳素材到合成窗口生成素材层

方法 2：在"项目"窗口中选择素材，用鼠标拖曳素材到窗口底部的"新建合成"按钮，如图 3.4 所示。

图 3.4　拖曳素材到"新建合成"按钮生成素材层

在创建层之前，需要首先创建一个合成图像，创建的素材层出现在"时间线"窗口的层工作区域里。

2. 使用合成图像创建层

在一个项目中可能包含多个合成图像，可以使用一个合成图像作为整体使之成为其他某个合成图像的层，这实际上是一种嵌套操作，方法有 3 种，如图 3.5 所示：

方法 1：在"项目"窗口中拖曳一个合成图像到另一个合成图像的窗口中；

方法 2：在"项目"窗口中拖曳一个合成图像到"时间线"窗口中；

方法 3：在"项目"窗口中拖曳一个合成图像到本窗口的另一个合成图像上。

图 3.5　合成图像创建层

3. 预合成层

在"时间线"窗口中，可以对多个连续或不连续的层进行组合，称为预合成，它将创建一个嵌套在当前合成图像中的合成图像层。如图 3.6 所示，选中需组合的层，选择"图层"→"预合成"命令，在弹出的对话框中设置重组时新建合成的名字"预合成 1"，设置预合成方式，单击"确定"按钮，将当前选择的层合并，此时创建一个合成图像，出现在"项目"窗口中。

预合成层可以使界面简洁，更重要的是使用预合成可以方便地实现很多特效。

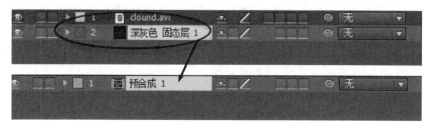

图 3.6　预合成层

▶4. 使用新建菜单创建层

使用新建菜单创建层有两种方法。

方法 1：选择"图层"→"新建"命令，打开下一级菜单，如图 3.7 所示。

新建(N)	▶	文字(T)	Ctrl+Alt+Shift+T
图层设置...	Ctrl+Shift+Y	固态层(S)...	Ctrl+Y
打开图层(O)		照明(L)...	Ctrl+Alt+Shift+L
打开图层来源(U)	Alt+Numpad Enter	摄像机(C)...	Ctrl+Alt+Shift+C
		空白对象(N)	Ctrl+Alt+Shift+Y
遮罩(M)	▶	形状图层	
遮罩与形状路径	▶	调整图层(A)	Ctrl+Alt+Y
品质(Q)	▶	Adobe Photoshop 文件(H)...	

图 3.7　菜单创建层

方法 2：在"时间线"窗口中，单击右键，在弹出的快捷菜单中选择"新建"命令，打开下一级菜单，也可以创建图层类型。

如图 3.7 所示，使用"新建"命令可以创建文字层、固态层、照明（灯光）层、摄像机层、空白对象层、形状图层、调整图层、Adobe Photoshop 文件层共 8 种层。这 8 种层在 After Effects 中的使用率很高，具体每种层的使用将在后面的章节中详细介绍。

3.3　层的基本操作

在实际操作过程中，常常需要对层进行各种操作，如选择层、设置层的出入点、复制和分裂层等。下面详细介绍常用的操作层的方法。

3.3.1　选择层

在 After Effects 中，对层进行的操作是在"时间线"窗口中实现的，操作前首先需要选定要进行操作的层。在 After Effects 中可以对层进行单个、多个连续或不连续的选定，被选定的层的名称反色显示，该层在显示区中以深色显示。层被选择后，"时间线"窗口的效果如图 3.8 所示。

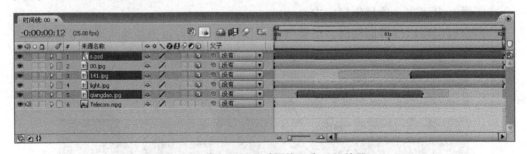

图 3.8　选择层后"时间线"窗口的效果

下面分类介绍选择层的方法。

（1）选择单个层：通常在"时间线"窗口中单击要选择的层即可，或者在打开的合成窗口中用鼠标单击要选择的层，如果层窗口已经打开，单击相应的层窗口同样可以选定该层。

（2）选择多个层：需要选择不连续的多个层时，可以在"时间线"窗口中用鼠标结合 Ctrl 键实现，或者在合成窗口中用鼠标结合 Shift 键实现。需要选择连续的多个层时，可以在"时间线"窗口中拖动鼠标框选中所有要选择的层；或者用鼠标单击开始的层，再按住 Shift 键单击结束层，这时在两层之间的所有层均被选中。

3.3.2　更改层的顺序

编辑合成图像时，层的顺序决定了层在合成图像中显示的优先级别，最上层的优先显示。若要更改层的顺序，可采用下面的方法。

在"时间线"窗口的控制面板区域用鼠标上下拖动层，会出现一条黑色水平线，水平线决定层将出现的位置，松开鼠标后，即可将层放置在指定位置上。如图 3.9 所示，使用鼠标拖动层 1 到层 2 的下方，当出现黑色水平线时松开鼠标，层 1 被放置到了层 2 的下方。

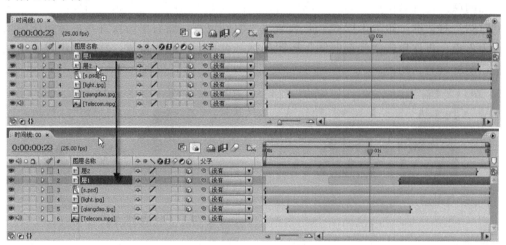

图 3.9　更改层的顺序

3.3.3　设置层的入点和出点

层的入点和出点是指组成合成的层在整个合成图像中的位置。入点指层在合成图像中开始的位置，出点指层在合成图像中结束的位置。为了自由使用层，时间操作中经常会调整层的入点和出点，下面介绍设置层的入点、出点的方法。

▶ 1. 在图层窗口中设置入点、出点

（1）拖曳播放头设置入、出点。在"时间线"窗口中双击需要设置入点、出点的层，打开其图层窗口。在图层窗口中可以看到设置入点 和设置出点 两个按钮图标。拖动播放头 到需要设置入点的位置，单击设置入点按钮图标，如图 3.10 所示。

(a)　　　　　　　　　　　　　　(b)

图 3.10　设置入点

　　拖曳时间指示器到需要设置出点的位置，单击设置出点按钮图标，效果如图 3.11 所示。

　　（2）通过时间设置按钮设置入点、出点。在"时间线"窗口中双击需要设置入点、出点的层，打开其图层窗口。在图层窗口底部单击"当前时间"按钮图标，弹出"转到时间"对话框，如图 3.12 所示，设置一个时间位置，然后单击设置入点按钮图标设置为入点。再次单击"当前时间"按钮图标，设置一个时间位置，然后单击设置出点按钮图标设置为出点。

图 3.11　设置入点、出点后的效果图　　　　图 3.12　"转到时间"对话框

▶2. 在"时间线"窗口中设置入点、出点

　　通过时间设置面板设置入点、出点。如图 3.13 所示，单击"时间线"窗口中左下角圆圈指示位置处的"入点/出点/长度/伸缩"面板开关按钮，打开入点和出点显示面板，选中要修改入点或出点的层，移动鼠标指针到入点或出点的时间指示器上，如图 3.13 右侧的两个椭圆所示，按住鼠标左键并左右拖曳到需要设置的位置；或者单击入点或出点的时间指示器，在弹出的"图层入点"对话框中输入具体时间。在时间指示器上可以看到入点和出点的变化。

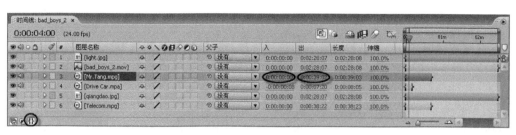

图 3.13　设置时间

3.3.4　分裂层

在 After Effects 编辑过程中，可以将层在指定的时间位置进行分裂，使其一分为二，产生两个独立的层，且分裂层后两个产生的层依然保留原层中的所有关键帧，关键帧的位置不变。分裂层分为设置时间位置的分裂和设置工作区域的分裂两种。

▶1．设置时间位置的分裂

在"时间线"窗口中，选择要分裂的层（可以是多个层）。拖曳时间指示器到需要分裂的时间位置。选择"编辑"→"拆分图层"命令，如图 3.14 所示。

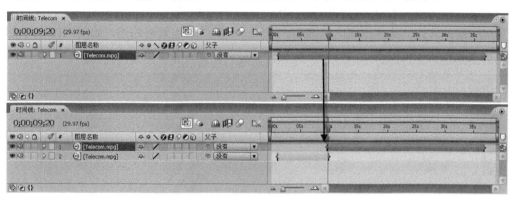

图 3.14　全工作区域分裂层

▶2．设置工作区域的分裂

如果分裂操作时整个层都包括在工作区域内，则该层被删除而不会分裂层，在进行以下设置工作区域的分裂之前，首先要设定工作区域的入点和出点。

（1）使用"抽出工作区域"命令分裂层。在"时间线"窗口中，拖曳工作区两头的工作区标记为工作区域设定入点、出点，从而自定义了工作区域，选择要分裂的层（可以是多个层），然后选择"编辑"→"抽出工作区域"命令进行分裂，效果如图 3.15 所示。

系统将一个层分裂为两个层。两层间的距离取决于自定义工作区域的持续时间。工作区域范围内层的内容被裁剪掉，层的位置保持不变。系统以自定义工作区域的入点为剪切后第一个层的出点；以自定义工作区域的出点作为分裂后第二个层的入点。

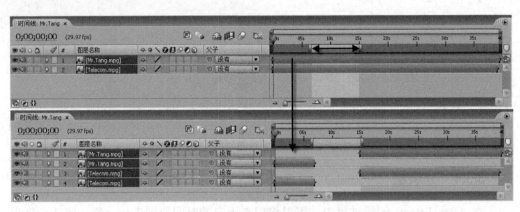

图 3.15　抽出工作区域分裂层

（2）使用"提升工作区域"命令分裂层。在"时间线"窗口中，拖曳工作区两头的工作区标记为工作区域设定入点、出点，从而自定义了工作区域，选择要分裂的层（可以是多个层），然后选择"编辑"→"提升工作区域"命令进行分裂，效果如图 3.16所示。

使用"提升工作区域"命令进行分裂，系统将一个层分为两个层。同样，系统以自定义工作区域的入点为剪切后第一个层的出点；以自定义工作区域的出点为分裂后第二个层的入点，并且该层向前移动，与第一个层的出点紧密相连，如图 3.16 的下部所示。工作区域范围内层的内容被裁剪掉，层的位置保持不变。

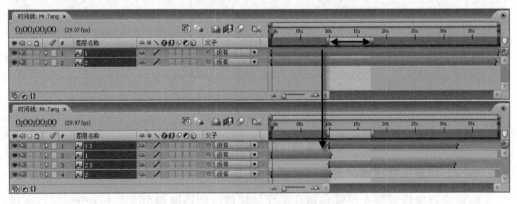

图 3.16　挤压工作区域分裂层

3.3.5　操作音频层

在 After Effects 中，使用音频素材创建的层称为音频层。下面介绍音频层特有操作。

▶1. 预演音频和调整音频音量

音频音量的调节使用音频面板实现。

（1）选择进行调整的音频层，选择"菜单"→"音频"命令打开音频面板。

（2）按数字键盘上的小数点"."键，或者选择"合成"→"预演"→"音频预演（当前位置）"命令，从时间指示器的当前位置开始预演音频；选择"合成"→"预演"→"音频预演（工作区域）"命令，从合成的开始位置开始预演音频。

（3）预演时，音频面板左侧的音量表显示音频左右声道的音量，如果音量过大，超出了系统所能处理的范围，在音量表中音量超出了顶端，会造成失真。可以在音频面板右侧的音量控制区域，拖曳相应声道的控制滑竿调节音量；或者将鼠标指针移动到左右声道底端的分贝数显示区域，按住鼠标左键左右拖曳调节各声道的分贝数；或者单击分贝数显示区，在出现的文本框中输入具体的数值。

▶2. 查看音频层的属性

所有的音频层和视音频混合的层都具有"音频"属性，查看属性需要选择层，单击层标记前面的小三角按钮，在层下方展开了层的属性，如图3.17的第一层所示。

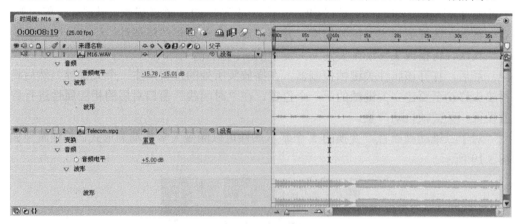

图 3.17　音频属性

在展开的属性中出现了"音频"属性，它包括两个子属性："音频电平"和"波形"。

"音频电平"后面的分贝数显示分别对应于音频左右声道的音量大小，与音频面板左右声道的音量数值是一致的。

单击"波形"属性前面的小三角按钮会打开波形状态图，显示在层显示区域中。如果图中有两条波形，说明音频是立体声；如果只有一条波形，则说明音频是单声道的。

3.4　层的属性动画

关键帧是 After Effects 中制作平面二维动画的基础，本部分介绍关键帧技术及利用变换属性和特效属性产生动画的方法。

▶1. 关键帧技术

所谓关键帧，是指一个动画的开始到结束的开始帧与结束帧，两帧之间的动画过程由软件自动完成。

（1）关键帧控制器。在"时间线"窗口中，选定层并打开它的属性，如图3.18所示。显示图标表示激活了关键帧控制器，用它来记录关键帧的变化。激活控制图标后，可以在不同时间位置改变当前属性的参数，After Effects 会在每次修改的时间位置处自动加入该属性的关键帧，如图 3.18 中层显示区域的◇关键帧标记所示。

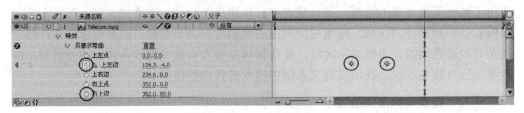

图 3.18　关键帧设置

（2）建立关键帧。通过对层的不同属性设置关键帧，可以对层进行动画设计。建立关键帧时，以播放头所在的位置为准，在该时间位置添加一个关键帧，其操作过程如下。

首先，选择要建立关键帧的层，并打开要建立关键帧的层属性。

其次，将播放头移动至要建立关键帧的时间位置。

最后，打开该属性关键帧控制器，在播放头所处的位置产生一个关键帧，然后将播放头移动至要建立关键帧的下一个位置，在"时间线"窗口对层的相应属性进行修改设置，关键帧自动产生。

对于二维动画而言，变换的 5 个基本属性可以涵盖大多数动画形式，5 种属性如图 3.19 所示。

图 3.19　变换属性

▶ 2．定位点动画

After Effects 中以定位点为基准进行属性的设置。通常情况下，可按键盘上的 A 键打开定位点属性，默认状态下定位点在对象的中心，随着定位点的位置不同，对象的运动状态也会发生变化。当定位点在物体中心时，应用旋转属性，物体沿定位点自转；当定位点不在物体中心时，则物体沿定位点旋转。

▶ 3．位置动画

After Effects 中可以通过关键帧位置的变化而产生动画效果。通常情况下，按键盘上的 P 键可打开位置属性。

下面是位置动画的一个实例，其操作步骤如下。

（1）新建项目文件，在项目窗口中导入一张地球旋转的图片 earth.gif，使用该素材文件建立合成。在"时间线"窗口中显示出位置属性，把时间指示器定位到时间开始处，单击关键帧控制器在此处建立关键帧，如图 3.20 所示。

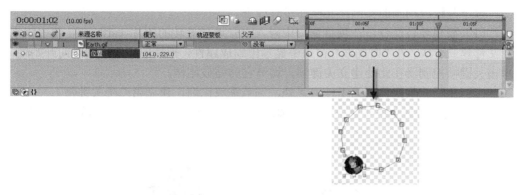

图 3.20　位置关键帧及其在合成窗口中的路径

（2）将播放头定位到第一帧位置处，使用选择工具，在合成图像窗口中，把对象拖曳到新位置即可创建第二个关键帧。依次向后移动时间指示器一帧，并改变对象的位置，建立如图 3.20 所示的 13 个关键帧。建立动画后，在合成图像中会以路径的形式表示对象的移动状态。运动路径以一系列的点来表示，点越疏表示层速度越快；点越密则移动速度越慢。本实例在合成窗口中的路径如图 3.20 所示。

（3）预演动画，由于建立了类似圆周的路径，地球会沿着该路径运动，效果如图 3.21 所示。

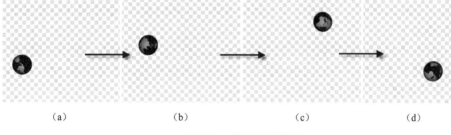

（a）　　　　　　　　（b）　　　　　　　　（c）　　　　　　　　（d）

图 3.21　位置动画效果

4．缩放动画

按键盘上的 S 键打开其缩放属性，如图 3.22 所示。

图 3.22　缩放属性

After Effects 默认的缩放比例都是 100%，即没有缩放。在图 3.22 中的百分比前面有一个"固定当前纵横比"按钮，默认按下有效，表示对象缩放时纵横比保持不变。

以下是缩放动画的实例，其操作步骤如下。

（1）新建项目文件，在项目窗口中导入一张地球旋转的图片 earth.gif，使用该素材文件建立合成。在"时间线"窗口中显示出缩放属性，把播放头定位到时间开始处，单击关键帧控制器在此处建立关键帧，调节它的缩放比例。

（2）将播放头定位到第 1 秒位置处，调节缩放比例，建立第二个关键帧。

（3）预演动画，由于建立了类似圆周的路径，地球会沿着该路径运动，效果如图 3.23 所示。

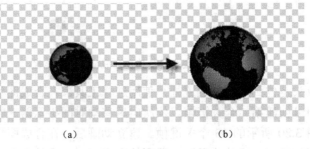

(a)   (b)

图 3.23　缩放动画效果图

▶ **5．旋转动画**

按键盘上的 R 键打开其旋转属性，可以进行任意角度的旋转。当超过 360°时，系统以旋转一圈来标记已旋转的角度，反向旋转表示负的角度。

下面是旋转动画的一个实例，本实例借用锚点动画的素材，建立相同的合成图像，其操作步骤如下。

（1）打开飞机层的旋转属性，把时间指示器定位到时间开始处，单击关键帧控制器，在此处建立关键帧。将时间指示器定位到第 1 秒位置处，设定旋转一圈，角度为 180°，在该处建立了第二个关键帧。

（2）预演动画，可以看到飞机以对象锚点为基准旋转 180°的动画，效果如图 3.24 所示。

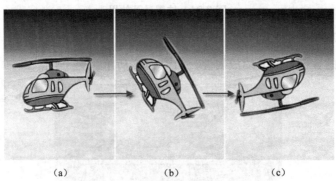

(a)   (b)   (c)

图 3.24　旋转动画效果图

▶ **6．不透明度动画**

改变对象的不透明度是通过改变数值来实现的。按键盘上的 T 键打开其属性，拖曳鼠标或右击，弹出"编辑数值"对话框进行设置。

下面是不透明度动画的一个实例，其操作步骤如下。

（1）继续使用旋转动画的实例，打开飞机层的不透明度属性，把时间指示器定位到时间开始处，单击关键帧控制器在此处建立关键帧。将时间指示器定位到 1 秒位置处，设定不透明度为"30"，在该处建立了第二个关键帧。

（2）预演动画，可以看到飞机在旋转的同时，透明度逐渐减小的动画，效果如图 3.25 所示。

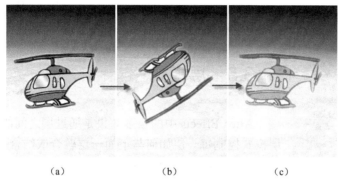

（a）　　　　　　　　（b）　　　　　　　　（c）

图 3.25　不透明度动画效果图

▶7．特效动画

使用 After Effects 能够制作出美轮美奂的效果，在很大程度上归功于 After Effects 的丰富特效功能。特效对 After Effects 的学习非常重要，详细内容可以参阅后面的相关章节。After Effects 中可以利用特效产生动画效果，这种动画跟前面讲的 5 种关键帧动画不同，特效设置在层的变换属性中不存在，只有为层添加了特效之后，在特效的属性设置中才能够设置关键帧动画。

下面对素材层制作一个方向模糊的特效动画，其操作步骤如下。

（1）新建工程项目，导入一个背景图片素材，建立一个新的合成，将图片拖入合成，建立背景层。选择"特效"→"模糊&锐化"→"方向模糊"命令，为图层添加方向模糊特效。展开层的属性，打开特效选项，设定模糊方向参数为"100"；使时间指示器处于开始位置，单击模糊长度前的关键帧控制器，在此处建立关键帧，设置参数值为"0"。将时间指示器定位到 1 秒位置处，设定模糊长度为"40"，在该处建立了第二个关键帧，如图 3.26 所示。

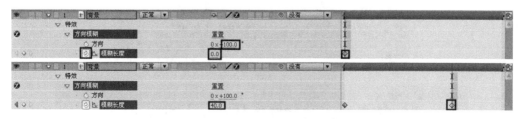

图 3.26　特效关键帧设置

（2）预演动画，可以看背景图片以指定的方向和长度逐渐模糊的效果，如图 3.27 所示。

(a)　　　　　　　　(b)　　　　　　　　(c)

图 3.27　方向模糊动画效果图

图 3.28　层模式菜单

3.5　层模式

After Effects 中的很多效果是通过层之间的融合产生的。层模式控制每一层如何与下面一层融合或结合得到新的结果。多个层应用层模式能产生令人惊奇的效果。

在层上应用层模式有如下两种方法。

1. 菜单调用

在"时间线"窗口中，选择需要应用层模式的层，选择"图层"→"混合模式"命令，打开下一级菜单，显示了 After Effects 中所有的层模式选项，如图 3.28 所示。

在 38 种预设的模式中选择一种模式，即可为层应用该模式。默认模式为"正常"模式。层的混合模式与 Photoshop 的层混合模式基本相同，在此不再赘述，如果有问题，可查阅相关的书籍自主学习。

2. "时间线"窗口调用

在默认工作环境下，在"时间线"窗口中没有显示出层模式选项，单击"时间线"窗口左下角的"打开/折叠传递控制面板"按钮，如图 3.29（a）所示，会显示层模式和轨道蒙版面板，如图 3.29（b）所示。

(a)

(b)

图 3.29　层模式和轨道蒙版面板

3.6 轨道蒙版层

1. 轨道蒙版层技术

After Effects 合成图像是一层层叠加起来形成的,图层可以作为其下方紧挨图层的轨道蒙版层,下方的图层称为填充层,填充层下方紧挨的图层称为背景层。通过轨道蒙版层的 Alpha 通道可以显示出背景层,从而实现去掉填充层部分内容的效果。

2. 轨道蒙版层实例

本实例进行火焰的后期合成,让读者充分认识后期合成与中期素材制作的预期准备,使用轨道蒙版层将火焰叠加到"麦浪"的背景之上。同时两只翩翩起舞的蝴蝶在麦浪之上飞舞。在此介绍给大家一个新的命令——"运动草图"的使用,操作步骤如下。

(1)新建项目,导入四个素材:蝴蝶、火焰、火焰蒙版和麦浪背景图片。以"火焰"为标准,建立合成图像,将素材装配于时间线中,从上到下的顺序如图 3.30 所示。

图 3.30 素材的摆放位置

在合成窗口中,蒙版层在最上面,背景层在最下面,火焰层作为填充层在中间。

(2)打开层模式,如果没有显示层模式和轨道蒙版,单击"时间线"窗口左下角的"打开/折叠传递控制面板"按钮 ▣,会显示层模式和轨道蒙版面板,如图 3.31 所示。

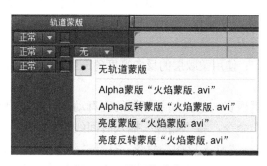

图 3.31 设置轨道蒙版

(3)在填充层的轨道蒙版选项处单击,打开轨道蒙版下拉菜单,选择"亮度蒙版火焰蒙版.avi"命令,蒙版层和填充层的前面出现蒙版和填充标志,蒙版层自动隐藏,填充层的显示图标变成如图 3.32(a)所示的图标样式。应用轨道蒙版层效果后的合成效果如图 3.32(b)所示。

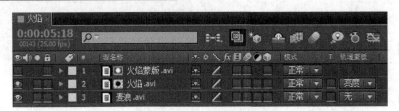

（a）图标样式

（b）合成效果

图 3.32　应用轨道蒙版层

轨道蒙版菜单共有 5 个选项。

① "无轨道蒙版"：默认设置，即没有应用轨道蒙版效果。

② "Alpha 蒙版"：正常应用轨道蒙版效果。

③ "Alpha 反转蒙版"：反转 Alpha 通道后应用轨道蒙版效果。

④ "亮度蒙版"：使用蒙版层的亮度值产生蒙版，若蒙版层的亮度为 0，则素材层透明。

⑤ "亮度反转蒙版"：使用蒙版层的反向亮度值产生蒙版，若蒙版层的亮度为 100%，则素材层不透明。

（4）为了让效果更逼真一些，加入蝴蝶的飞舞动画，模拟自然界中蝴蝶的飞舞。在此使用"动态草图"命令，将"蝴蝶"拖入时间线中。

（5）选择"窗口"→"动态草图"命令，打开"动态草图"面板，如图 3.33 所示。

（6）选中"蝴蝶"层，单击"动态草图"中的"开始采集"按钮，在合成预览窗口中拖动蝴蝶运动，创建运动路径，效果如图 3.34 所示。

提示：After Effects 提供"动态草图"功能，可以利用该功能在指定的时间区域内绘制运动路径。系统在绘制的同时记录层的位置和绘制路径的速度。当运动路径建立以后，After Effects 使用合成图像指定的帧速率为每一帧产生一个关键帧。

图 3.33 "动态草图"面板　　　　　图 3.34 "蝴蝶"的运动路径

绘制运动路径的步骤如下。

① 在"时间线"窗口或合成图像窗口中选中要绘制运动路径的层。

② 在时间线区域拖曳工作区标记，指定运动路径时间上的工作区域。

③ 选择"窗口"→"运动草图"命令，打开"运动草图"窗口。

④ 单击"开始采集"按钮，在合成图像窗口中按住鼠标左键拖曳层，产生运动路径，释放鼠标左键，结束路径绘制。

（7）采用同样的方法，可以为第 2 只蝴蝶进行运动采集。保存项目，最终的效果如图 3.35 所示。

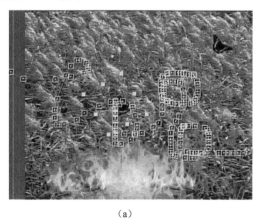

（a）　　　　　　　　　　　　　　　　　　　　（b）

图 3.35 合成效果

3.7 二维合成实例：广告

3.7.1 设计思路

在本节中，将以为图书制作小广告为例，对本章所学习的知识进行温习巩固。在本例中，将主要围绕层的 5 个基本属性制作动画，对层的嵌套和轨道蒙版的知识也有涉及。这是一个非常简单的实例。

3.7.2　操作步骤

▶**1．多图层的集体设置**

（1）启动 After Effects，在"项目"窗口中双击，弹出"导入文件"对话框，如图 3.36 所示。在弹出的对话框中分别将 4 个文件夹以"文件夹"的形式导入。

图 3.36　"导入文件"对话框

（2）在该实例中，有部分文件是 Photoshop 的 PSD 格式的，包含图层，在此选择合并图层即可。

（3）选择"图像合成"→"新建合成组"命令，在弹出的对话框中设置参数，如图 3.37 所示。

（4）将项目中的 Adobe1.psd、Adobe2.psd、Adobe3.psd、Adobe4.psd 4 个文件选中，拖曳到"时间线"窗口里，产生 4 个层。

（5）按 Ctrl+A 组合键选中 4 个图层，再按 S 键展开这个层的"比例 Scale"属性，在任意一个数据值上单击，输入数值"80"后按回车键，4 个图层全部被缩到原来 80% 的大小。注意，只能用输入的方法修改数据，不要用拖曳数值的方法修改，否则无法一次修改多个层。

（6）在工具箱面板中选取选择工具 ▶ 。在合成图像窗口中拖曳各层摆放到图 3.38

所示的位置上。

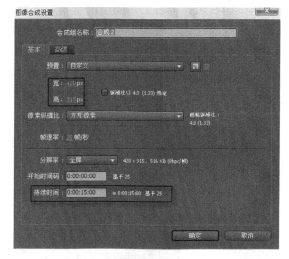

图 3.37 "图像合成设置"对话框

图 3.38 图像位置摆放

（7）在"时间线"窗口将时间指示器移动到 2 秒位置。选中 4 个图层并按 P 键分别打开层的位置属性参数栏。单击 按钮，将关键帧记录器全部激活，在 2 秒位置为 4 个层记录一个位置关键帧，如图 3.39 所示。

图 3.39 激活关键帧

（8）将时间指示器移到 0 秒位置。用选择工具再次摆放 4 个图层，分别将左上角图层沿水平直线拖曳出画面右边；将右上角图层沿垂直直线拖曳出画面下边；将右下角图层沿水平直线拖曳出画面左边；将左下角图层沿垂直直线拖曳出画面上边。可以看到"时间线"窗口的 0 秒位置，4 个图层各自添加了一个关键帧，如图 3.40 所示。

（a）

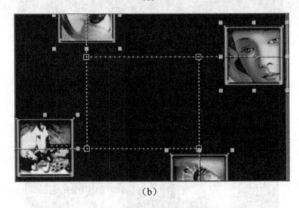

（b）

图 3.40　图片的运动路径

（9）按数字键盘上的 0 键，或者在"预览控制台"面板上单击按钮进行渲染，观看 4 层的位置动画效果。

（10）将时间指示器移至 2 秒处，选中 4 层后按 R 键展开层的旋转属性，单击按钮，将关键帧记录器全部激活，在 2 秒位置为 4 个层记录一个旋转关键帧。

（11）将时间指示器移至 4 秒处，在任意一个旋转数据值的圈数上单击，输入数值"1"后按回车键，4 个图层全部按顺时针旋转了 1 圈，如图 3.41 所示。

（a）

图 3.41　图片的旋转属性设置

60

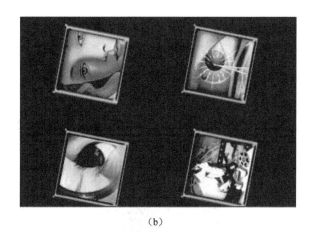

(b)

图 3.41 图片的旋转属性设置（续）

（12）按数字键盘上的 0 键，或者在"预览控制台"面板上单击按钮进行渲染，观看 4 层的 2～4 秒的旋转效果。

2. 复合嵌套

（1）下面要让这 4 个层作为一个整体旋转，那就需要对图层进行拼合，可以选择"图层"→"预合成"命令，复合图层，在此选择"图像合成"→"新建合成组"命令，新建一个合成图像。在弹出的对话框中只输入合成名称"合成 2"，其余参数都不改变。

（2）可以看到在"项目"窗口中有两个合成图标，直接将"合成 1"作为素材拖曳到"合成 2"的"时间线"窗口里，可以看到"合成 1"作为一个层在"合成 2"里出现了，这就是复合嵌套，如图 3.42 所示。

图 3.42 复合嵌套

（3）将时间指示器移至 4 秒位置。展开"合成 1"复合层的旋转属性，并单击按钮，将关键帧记录器激活。将时间指示器移至 8 秒位置处，将其旋转参数改为"1x+45dgr"，即可使图层在 4～8 秒的时间内旋转 1 圈再多加 45°，如图 3.43 所示。

图 3.43 旋转属性

（4）为了使这层与以后出现的图层不冲突，对"合成 1"复合层进行淡化处理，让它更像背景。将时间指示器移至 4 秒位置，展开合成 1 复合层的不透明度属性，单击按钮，将关键帧记录器激活，记录一个关键帧。

（5）将时间指示器移至 5 秒位置，将"合成 1"复合层的不透明度属性参数改为

"50%"。

（6）按数字键盘上的 0 键，或者在"预览控制台"面板上单击  按钮进行内存渲染，观看"合成 1"复合层的旋转及 4～8 秒的淡出效果。

3. 书的动画

（1）首先将"项目"窗口中的 bg.psd 文件拖曳到"时间线"窗口中，在拖入时，将其放置在"合成 1"复合层下边，再将"项目"窗口中的 book1.jpg 文件拖曳到"时间线"窗口中，将其放置在"合成 1"复合层上边，如图 3.44 所示。

图 3.44　图层位置

（2）对于 book1.jpg 图层，不希望它从开始就出现，需要让它稍晚些出现，改变一下 book1.jpg 的入点，只需要在"时间线"窗口将 book1.jpg 图层向后移动至 2 秒处即可。

> **提示**
>
> 　若要精确地将图层移到时间点，可以先选中图层，将时间指示器移到特定时间点，按键盘上的"["键，即可将该层的入点准确地对齐到时间指示器上。同样，按"]"键即可将图层的出点准确地对齐到时间指示器上。

（3）先为 book1.jpg 图层做比例缩放动画，将时间指示器移到 2 秒位置，按 S 键展开层的缩放属性，单击 按钮，将关键帧记录器全部激活，设置缩放参数为"300%"，在 3 秒位置将缩放参数设置为"100%"，恢复原始大小。

（4）按数字键盘上的 0 键，或者在"预览控制台"面板上单击 按钮进行内存渲染，观看动画，可发现书的缩放动画是从四周向中心缩放的，而需要的却是左下角固定不动，改动一下层的轴心点即可。

（5）选择工具箱中的 轴心点工具，将层的轴心点由书的中心移到左下角，缩放动画也将围绕新的轴心点进行，如图 3.45 所示。

（6）为了视觉感受，让书的图层在进入画面时淡入，增加它的不透明度动画。将时间指示器移到 2 秒位置，展开层的不透明度属性，将参数改为"0%"，让其完全透明，单击 按钮，将关键帧记录器激活，再将时间指示器移到 3 秒位置，将参数改为"100%"，即可实现淡入动画。

（7）围绕着新的轴心点，再为书做个大旋转的动画。将时间指示器移到 5 秒位置，展开层的旋转属性，单击 按钮，将关键帧记录器激活，记录一个关键帧。再将时间指示器移至 8 秒位置，将参数改为"360°"，即顺时针旋转 1 圈。从 book1.jpg 图层至此，一共产生了 6 个关键帧，如图 3.46 所示。

图 3.45　轴心点改变

图 3.46　关键帧设置

（8）按数字键盘上的 0 键，或者在"预览控制台"面板上单击 按钮进行渲染，观看动画。

4．亲子关系

完成书的动画设置后，接下来要将一段视频影片贴在书中，代替原来书皮上的静态画面。首先要考虑动态的问题，因为书的动画有缩放和旋转，所以视频影片必须设置相同的动态，才能与书紧密地合成在一起，如何在制作上技巧性地使不同图层有相同的动态设置呢？可以使用亲子关系进行连动制作。

（1）将时间指示器移至 2 秒位置，在"项目"窗口里选择"Movie.wmv"，拖曳至合成窗口，这样，可以让视频层与书层保持相同的入点，如图 3.47 所示。

图 3.47　入点对齐

（2）因为在 2 秒处，"book1.jpg"层的不透明度被设为"0%"，不便于和"Movie.wmv"层对位，所以先将时间指示器移动到 3 秒左右的位置。在合成窗口里，用选择工具调整"Movie.wmv"层的控制点来缩放素材尺寸,并将影片与书的原画面对齐,如图 3.48 所示。

图 3.48　素材尺寸调整

64

　　(3)使用亲子关系。当图层建立了"亲子关系"后,针对"父"图层任何属性的改变,"子"图层将随之产生相同的变动。将"子"图层"Movie.wmv"的橡皮筋图标◎拖曳至"父"图层"book1.jpg"的名称上,如图 3.49 所示。

图 3.49　利用拖曳实施"亲子关系"

　　(4)也可以在"子"图层"Movie.wmv"的"父级"栏的菜单中选取"父"图层"book1.jpg",在因"时间线"窗口中图层过多而无法用橡皮筋指向"父"图层时,便可应用此方法,如图 3.50 所示。

图 3.50　利用菜单实施"亲子关系"

提示

　　层的父子关系遵循一个原则，即一个父层可以有多个子层，而一个子层只能有一个父层。同时，一个层既可以是其他子层的父层，又可以是一个父层的子层。超顶级的父层具有较高的支配权，父层的变化属性设置将影响其子层的变化属性。

　　（5）按数字键盘上的 0 键，或者在"预览控制台"面板上单击▶按钮进行内存渲染，观看动画，会发现"父"图层关于透明度的变化并未影响"子"图层，由此可见，亲子关系中不包括透明度的变化，这就需要手工为"Movie.wmv"层加不透明度的变化。

　　（6）将时间指示器移至 2 秒位置，展开"Movie.wmv"层的不透明度属性，将参数改为"0%"，单击按钮，将关键帧记录器激活，再将时间指示器移到 3 秒位置，将参数改为"100%"。

　　（7）按数字键盘上的 0 键，或者在"预览控制台"面板上单击▶按钮进行渲染，观看动画，可以看到视频电影与书紧密地结合在一起，如图 3.51 所示。

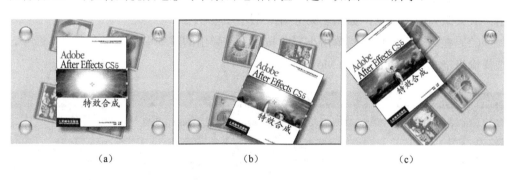

（a）　　　　　　　　　　（b）　　　　　　　　　　（c）

图 3.51　视频电影与书的连动

5. 增加轨道蒙版

　　（1）将时间指示器移至 9 秒位置，在"项目"窗口中选择"TrackMatte.wmv"和"background.jpg"并拖曳至合成窗口。注意，"TrackMatte.wmv"的图层必须位于上层，而即将填入的画面则位于其下一层（"background.jpg"）。

　　（2）在"时间线"窗口的下方，单击"模式转换"按钮，可切换至模式面板。在"background.jpg"层上展开"轨道蒙版"菜单栏，选择"亮度蒙版'TrackMatte.wmv'"，可利用图层"TrackMatte.wmv"的亮度来定义"background.jpg"的透明区域范围，如图 3.52 所示。

　　（3）此时，"TrackMatte.wmv"画面将自动消失，图层的可见状态被关闭，并在图层名称前方出现蒙版图标，代表当前图层"TrackMatte.wmv"为一个蒙版。

　　（4）将时间指示器移至 0 秒位置，在"项目"窗口中选择"Track02.wav"声音文件拖曳至合成窗口，为整个影片配音。

（5）按数字键盘上的0键，或者在"预览控制台"面板上单击 ▶ 按钮进行渲染，观看动画，监听声音。

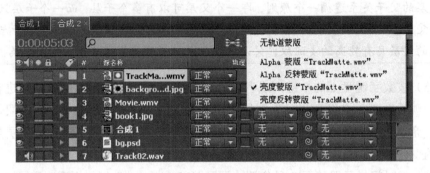

图 3.52　轨道蒙版

6. 渲染输出

最后一步是渲染输出，将最终的结果生成一个影片。

（1）确定点到合成窗口或时间线上，选择"图像合成"→"制作影片"命令，弹出"渲染队列"对话框，如图 3.53 所示，设置其参数。

（2）在"输出组件"栏单击小三角按钮，在弹出的菜单中选择"自定义"命令，选择输出格式为"QuickTime Movie"格式。

图 3.53　"渲染队列"对话框

（3）设置完毕，单击"渲染"按钮，即可输出。

本例的制作强化了图层的五个二维属性动画，使读者体会了一般二维合成的流程。

3.8　实训：啤酒广告制作

3.8.1　实训目的

该实训通过一个简单的啤酒广告的制作，对本章的知识点进行巩固和练习。本实训练习了位置动画、缩放动画、旋转动画及轨道蒙版层的使用，且使用了后面章节的一些特效，读者可以参考相关的章节。

3.8.2 实训操作步骤

实训操作步骤如下。

（1）启动 After Effects，新建一个项目合成，命名为"啤酒广告"，参数设置如图 3.54 所示。

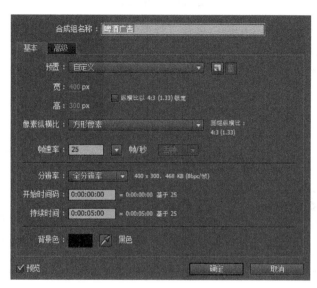

图 3.54 参数设置

（2）在"项目"窗口中单击右键，在弹出的快捷菜单中选择"导入"→"多个文件"命令，在弹出的"导入多个文件"对话框中导入"流水"视频和"啤酒"图片，如图 3.55 所示。

（a） （b）

图 3.55 素材

（3）将两个素材拖入合成窗口，系统自动建立两个图层，分别命名为"流水"和"啤酒"。分别选中两个图层，按 Ctrl+D 组合键，建立层的副本，分别命名为"流水副本"和"啤酒副本"。层的顺序如图 3.56 所示。

👁	🔊 ○ 🔒		🔑	#	图层名称		父子	
👁		▷ □		1	啤酒副本	🔲 ／	◎	没有 ▼
👁		▷ □		2	啤酒	🔲 ／	◎	没有 ▼
👁		▷ □		3	流水	🔲 ／	◎	没有 ▼
👁		▷ □		4	流水副本	🔲 ／	◎	没有 ▼

图 3.56　层的顺序

（4）制作"啤酒副本"动画。选择"啤酒副本"层，使用"定位点工具"将它的锚点从中心拖曳到酒瓶的底部，如图 3.57（a）所示。然后在"时间线"窗口中打开该层的"变换"属性，修改它的"旋转"参数为"49"，效果如图 3.57（b）所示。

　　　　（a）　　　　　　　　　　　　　　（b）

图 3.57　调整锚点并旋转

（5）下面为该层制作位置动画。将时间指示器定位到第 0 秒处，为"位置"属性插入一个关键帧，然后将时间指示器移动到第 2 秒处，在合成窗口中向右侧拖曳啤酒瓶一段距离，如图 3.58（a）所示，然后将时间指示器移动到第 5 秒处，在合成窗口中向右侧将啤酒瓶拖曳出合成窗口的范围，如图 3.58（b）所示。这样，系统为该层建立了一个由三个关键帧组成的位置动画。

　　　　（a）　　　　　　　　　　　　　　（b）

图 3.58　"啤酒副本"层位置动画

（6）制作水波动画效果。选中"啤酒副本"和"流水副本"两层，选择"图层"→"重组"命令，建立一个新层，名称为"背景"，调整该层的位置，定位到三个图层的中间。选中该层，选择"特效"→"扭曲"→"波纹"命令，为该层添加"波纹"特效，系统自动打开特效设置面板，如图3.59所示。在该面板中，单击"波纹中心"定位按钮，在合成窗口中出现十字交叉线，移动鼠标指针到"啤酒"层对象的瓶底位置处并单击，即设置波纹的位置是该啤酒瓶的底部。将时间指示器定位到第0秒处，在该处"半径"和"波纹宽度"插入关键帧，分别设置为"15"和"5"，设置此处的"波纹高度"为"60"，此时的效果如图3.60（a）所示；将时间指示器定位到第2秒处，在该处"半径"和"波纹宽度"分别设置为"60"和"10"，为"波纹高度"插入关键帧，"波纹高度"设置为"30"，此时的效果如图3.60（b）所示；将时间指示器定位到第5秒处，在该处"半径"设置为"0"，此时的效果如图3.60（c）所示。

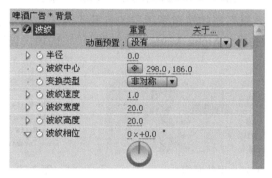

图 3.59　波纹特效面板

(a)　　　　　　　　　(b)　　　　　　　　　(c)

图 3.60　波纹效果图

（7）制作"啤酒"的缩放动画。在"时间线"窗口中选中"啤酒"层，然后在"时间线"窗口中打开该层的"变换"属性，将时间指示器定位到第0秒处，激活该层的"缩放"属性的关键帧控制器，插入关键帧，设置"缩放"属性数值为"35%"，此时的效果如图3.61（a）所示；将时间指示器定位到第2秒处，设置"缩放"属性数值为"50%"，此时的效果如图3.61（b）所示；将时间指示器定位到第5秒处，设置"缩放"属性数值为"100%"，此时的效果如图3.61（c）所示。

（8）在"时间线"窗口中选中"啤酒"层，建立它的两个副本，分别命名为"轨道蒙版"和"泡沫效果"。各层的顺序如图3.62所示。

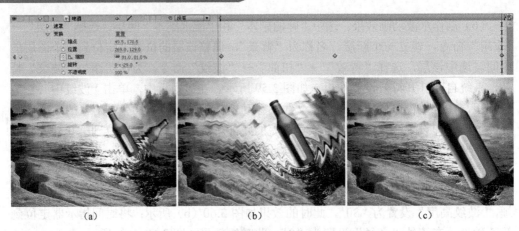

（a） （b） （c）

图 3.61　啤酒的缩放动画设置与效果图

（9）设置"泡沫效果"层的轨道蒙版层。打开"泡沫效果"层的轨道蒙版下拉菜单，如图 3.63 所示，选择"Alpha Matte '轨道蒙版'"选项，设置"轨道蒙版层"为该层的轨道蒙版层。

图 3.62　层的顺序 　　　　　　　**图 3.63　轨道蒙版选项**

（10）添加"泡沫"特效。选中"泡沫效果"层，选择"特效"→"仿真"→"泡沫"命令，系统自动为该层添加泡沫特效，并打开效果设置面板，如图 3.64 所示。

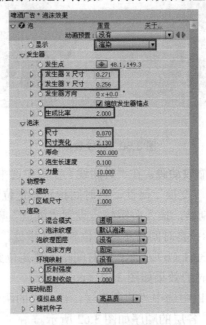

图 3.64　泡沫效果设置面板

由于该特效设置比较复杂，读者在学习了后面的章节之后对特效的设置会慢慢熟悉起来。这里，只需要根据图 3.64 中的方框处的数值进行设置即可实现简单的泡沫效果。

至此，本实训制作完毕，预演合成。

3.8.3　实训小结

通过本实训，熟悉了图层变换属性制作动画的过程，体会了 After Effects 强大的动画功能。在此过程中，一些特效的使用是非常重要的，为以后的学习做了铺垫。

思考与练习

1．填空题

（1）After Effects 中层的变换属性有_____、_____、_____、_____、_____五种。

（2）在 After Effects 中，层的产生类型可分为：_____、_____、固态层和调整图层、_____、_____、空白对象层、形状图层。

（3）所谓_____，就是一个动画的开始到结束的开始帧与结束帧，两帧之间的动画过程由软件计算自动完成。

2．选择题

（1）在默认情况下，"时间线"窗口中的层均使用其源文件名，如果需要改变层的名称，那么：

　　A．双击该图层名称，修改图层名称；

　　B．按住 Alt 键，双击该图层名称，修改图层名称；

　　C．选中需要修改的图层，按下主键盘区的 Enter 键，修改图层名称；

　　D．选中需要修改的图层，按下数字键盘区的 Enter 键，修改图层名称。

（2）对两个以上的层进行重组后，下列哪些解释是正确的？

　　A．重组前的所有关键帧效果在重组后都不能再次编辑；

　　B．重组前的所有关键帧效果在重组后都可以再次编辑；

　　C．重组产生的层相当于将参与重组的层合并渲染后的新层；

　　D．重组时可以建立一个副本，原件和副本是互动的。

（3）在 After Effects 中，关于"时间线"窗口中展开变换属性（Transform）的快捷键，描述正确的是：

　　A．按 A 键打开其 Anchor Point（轴心点）属性；

　　B．按 P 键打开其 Position（位置）属性；

C. 按 S 键打开其 Scale（比例）属性；

D. 按 O 键打开其 Opacity（不透明度）属性。

3. 简答题

（1）如何为路径插入关键帧？

（2）什么是层重组，如何创建？

（3）如何改变层的持续时间（即平时所说的快速与慢速）？

第 **4** 章

After Effects 三维合成

本章学习目标：
➢ 认识三维空间；
➢ 理解三维空间合成的工作环境；
➢ 掌握灯光的设置与应用；
➢ 掌握摄像机的设置与应用。

4.1 三维空间合成

现实世界是一个三维的世界，是一个由 X、Y、Z 轴构成的三维立体空间，现实世界中的所有物体也是三维的对象。常见的二维空间是人类赋予的概念，是指仅由长度和宽度（在几何学中为 X 轴和 Y 轴）两个要素组成的平面空间，只在平面上延伸扩展，与二维空间相比，三维空间增加了 Z 轴，即纵深。三维立体空间实际上是指具有宽度、高度和深度的空间，任何现实物体都具有 X、Y、Z 轴。

After Effects 具备三维合成功能，在三维空间上，物体可以在 X、Y、Z 轴上自由运动，同时可以添加灯光、带有阴影效果等。After Effects 虽然不像其他三维制作软件一样能够进行三维建模，但作为一个合成软件，已经拥有了自己的摄像机、灯光，以及层的 X、Y、Z 轴，可以模仿现实世界中的透视、光线、阴影等效果。

4.1.1 设置 3D 属性

在 After Effects 中所输入的素材都是平面的，无论是静止图像还是动态视频都是二维的，After Effects 软件不能自己创建三维模型，只不过包含了各个对象的三维信息。在 After Effects 中进行三维空间的合成，首先需要将一个二维图层转化为三维图层。设置对象的 3D 属性很简单，只需在"时间线"窗口中的层控制面板中单击设置 3D 图层的按钮■即可，如图 4.1 所示。

打开 3D 属性的对象即处于三维空间内。系统在其 X、Y 轴的基础上自动为其赋予三维空间中的深度属性——Z 轴，在对象的各项变化中自动添加 Z 轴参数。如图 4.1 所示，对操作对象的位置、缩放、旋转等属性都设置了 Z 轴参数，同时添加了材质选项属性。

图 4.1 设置对象的 3D 属性

4.1.2 三维视图

1. 三维视图简介

在 After Effects 的三维空间中可以使用四种视图观察和放置三维空间中的合成对象。在合成窗口下方的工具面板里，可以选择视图的方式，如图 4.2 所示。

视图方式包括活动摄像机视图、摄像机视图、六个视图、自定义视图等。

（1）活动摄像机视图：对所有的 3D 对象进行操作，相当于所有摄像机的总控制台。

（2）摄像机视图：在默认情况下没有这个视图方式。在合成图像中新建一个摄像机后，就可以选择摄像机视图了，如图 4.3 所示。通常情况下，若需要在三维空间中合成，最后输出的影片都是摄像机视图中所显示的影片，就像使用一架摄像机进行拍摄一样。

（3）六个视图：分为前视图、左视图、顶视图、后视图、右视图和底视图。前视图和后视图分别从三维空间中的正前方和正后方观察对象，观察 X、Y 轴的位置。如图 4.4 所示，图中 X、Y 轴的原点位于对象的锚点处，X 轴使用红色（R）坐标显示，Y 轴使用绿色（G）坐标显示。左视图和右视图指从三维空间中的左方和右方观察对象，观察 X 轴和 Z 轴的位置，Z 轴使用蓝色（B）坐标显示。顶视图和底视图观察 Y 轴和 Z 轴的位置。

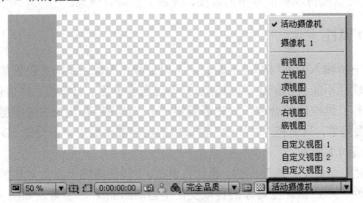

图 4.2 三维视图   图 4.3 摄像机视图

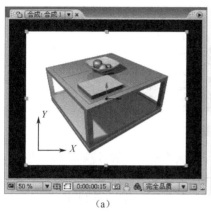 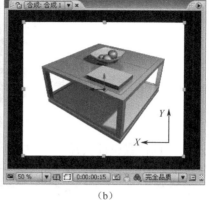

（a）　　　　　　　　　　　　　　　　　（b）

图 4.4　前视图和后视图

（4）自定义视图：通常用于对象的空间调整。它不使用任何透视，在该视图中可以直观地看到物体在三维空间的位置，而不受透视的影响。

2．坐标系

三维空间工作需要一个工作坐标系。After Effects 提供了三种坐标系工作方式，分别是当前坐标系、世界坐标系和视图坐标系。

（1）当前坐标系：这是 After Effects 中最常用的坐标系，在工具面板中直接单击 图标即可。

（2）世界坐标系：这是一个绝对坐标系。当对合成图像中的层进行旋转时，可以发现坐标系没有任何改变。实际上，当建立一个摄像机并调节其视角时即可直接看到世界坐标系的变化。在工具面板中单击 按钮即可。

（3）视图坐标系：使用当前视图定位坐标系，与前面所说的视角有关。在工具面板中单击 图标即可。

4.1.3　操作 3D 对象

调节 3D 对象的方式基本和对 2D 对象的操作相同。一旦设置了层为 3D 层，就可以使这个层在三维空间上运动，可以选择工具面板中的移动、旋转和定位点工具来控制层的状态。下面详细说明对 3D 对象进行移动、旋转的操作。

1．移动

下面介绍两种方法来设置对象的位置移动。

方法 1：鼠标控制。使用"选择"工具 对 3D 对象进行操作，当鼠标指针移动到合成窗口中的层上但还没有移动到坐标轴上时，按住鼠标左键进行拖曳，能够在当前视图状态下，同时在 X、Y、Z 轴上移动对象；当鼠标移动到物体对象的坐标上时，系统会自动锁定当前轴。例如，鼠标指针指向 X 轴上时，鼠标指针旁边会显示 X，如图 4.5 所示，此时按住鼠标左键拖动，就可以比较精确地在 X 轴及其他轴向上移动对象。

图 4.5　移动对象

　　方法 2：层的位置属性设置。打开层的 3D 属性后，层的各项变化属性在"时间线"窗口中会增加 Z 轴参数。可以在"位置"一栏中改变 X、Y、Z 轴的数值，从而精确设置 X、Y、Z 轴的位置，如图 4.6 所示。在默认情况下，层在 Z 轴上的坐标为 0，负值则层前进，离观察点近；正值则退后，离观察点远。

图 4.6　设置位置

▶2. 旋转

　　"旋转"工具 ⟳ 位于工具面板中，当使用"旋转"工具对 3D 对象进行操作时，鼠标指针移动到物体对象的坐标上，系统会自动锁定当前轴更改参数，如图 4.7 所示。移动鼠标指针，层通常会根据鼠标指针移动状态同时在 3 个轴向上移动。

图 4.7　旋转对象

　　三维空间中的旋转分为方向旋转和 X、Y、Z 旋转两种模式。在工具面板中选择了旋转工具后，在工具面板的右侧出现旋转设置，打开下拉菜单，选择旋转模式，默认为方向旋转，如图 4.8 所示。

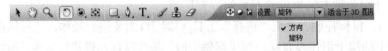

图 4.8　选择旋转模式

　　（1）方向旋转：该参数可以同时控制系统的三个轴，可以激活参数对象框或锁定坐标轴来在某一个轴向上进行旋转。

（2）X、Y、Z 旋转：在 X、Y、Z 旋转方式下，设置旋转动画时，可以分别自由控制各轴向上的旋转，从而使动画产生更复杂的效果。

还可以在"时间线"窗口的层面板中，直接设置方向旋转和 X、Y、Z 旋转的各项值，从而精确控制旋转，如图 4.9 所示。

○ 方向	299.3 °, 336.9 °, 339.9
○ X 旋转	0 x +54.8 °
○ Y 旋转	0 x +42.6 °
○ Z 旋转	0 x +17.5 °

图 4.9　在层面板中设置旋转属性

4.2　灯光的应用

4.2.1　灯光的建立

在真实的三维空间中，光与影是空间的重要组成部分。在 After Effects 中，利用照明灯模拟实际三维空间的光影效果，进而渲染影片气氛，增强真实感。

在默认情况下，系统不在合成图像中产生照明灯。可通过选择"图层"→"新建"→"照明"命令来建立，或者在"时间线"窗口中单击鼠标右键，在弹出的快捷菜单中选择"新建"→"照明"命令，弹出如图 4.10 所示的"照明设置"对话框。可以在三维场景中创建多盏照明灯以产生复杂的光线效果。

建立一个照明后，系统会自动将建立的照明作为层添加到"时间线"窗口中，可以改变其位置，设置动画。照明层属性设置如图 4.11 所示。

图 4.10　"照明设置"对话框

图 4.11　照明层属性设置

关于"照明设置"对话框中的部分参数说明如下。

（1）名称。名称一栏中指定照明灯的名称，在默认情况下，以照明 1、照明 2、照明 3……按照先后顺序进行命名。可以在名称一栏中对灯光进行个性化命名。

（2）照明类型。可以在照明类型这一栏中选择照明灯类型，After Effects 中提供了四种照明灯：平行光、聚光灯、点光和环境光。

① 平行光表示从一个点发射一束光线到目标点。平行光提供一个无限远的光照范围，它可以照亮场景中处于目标点上的所有对象，光线不会因为距离而衰减。

② 聚光灯表示从一个点向前方以圆锥形发射光线。聚光灯会根据圆锥角度确定照射的面积。可以在锥形角度中进行角度调节。

③ 点光表示从一个点向四周发射光线。随着对象到光源距离的不同，受光程度也有所不同。距离越近光照越强，反之亦然。

④ 环境光表示没有发射点的光线。可以照亮场景中所有的对象，但是无法产生阴影。

（3）强度。亮度设置光照的强度，值越高灯光越亮，当灯光强度为 0 时场景会变黑。当灯光的强度值设置为负值时，具有吸收光线的作用。

（4）圆锥角。圆锥角主要用来设置聚光灯的光照角度。选择聚光类型时此参数才会有效。圆锥角越大，光照范围越广。如图 4.12 所示是聚光灯的圆锥角从 35°变为 50°的前后效果对比。

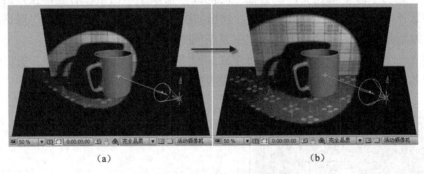

（a）　　　　　　　　　　　　　　　（b）

图 4.12　不同锥形角度效果图

（5）锥角羽化。主要用来设置聚光灯灯光的光照范围边缘的羽化程度。数值越大则边缘越柔和，在默认情况下该数值为 0，光圈边缘界限分明，过渡生硬。如图 4.13 所示是光斑的锥角羽化从 0%变为 20%的前后效果对比。

（6）颜色。为灯光设置颜色，默认为白色。该参数在四种灯光类型中均有效。

（7）投射阴影。选择该项后灯光会在场景中产生阴影。阴影使 3D 对象显得更加真实，但是仅选择该项参数还不能在合成中看到阴影效果。需要在对象层的材质选项中对其阴影参数进行设置，包括是否"投射阴影"、"接受阴影"、"接受灯光"等。

① 阴影暗度：控制阴影的颜色深度。数值较小时阴影颜色较浅，数值较大时则产生深色阴影。

② 阴影扩散：该选项可以根据层与层间的距离产生柔和的漫反射阴影。数值较小则产生的阴影边缘较硬，数值较大则边缘会柔化。

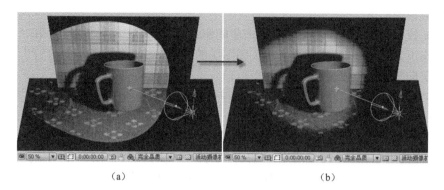

（a） （b）

图 4.13 不同锥角羽化效果图

如图 4.14 所示是聚光灯的阴影黑度从 40%变为 90%，同时阴影扩散从 10 像素变为 30 像素的前后效果对比。

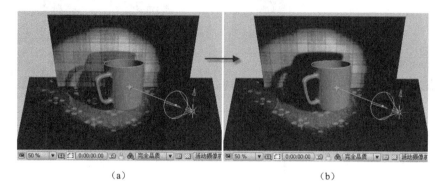

（a） （b）

图 4.14 不同阴影效果图

4.2.2 层的材质选项

照明层只对 3D 层起作用，对 2D 层不起作用。在场景中设置照明后，场景中的层是否接受照明或阴影、是否投射阴影，是由层的材质选项控制的。

当把一个 2D 层转换为一个 3D 层后，除了自动添加了 3D 的相关属性外，还在"时间线"窗口中自动添加了层的材质选项，可对层的材质属性进行设置，如图 4.15 所示。

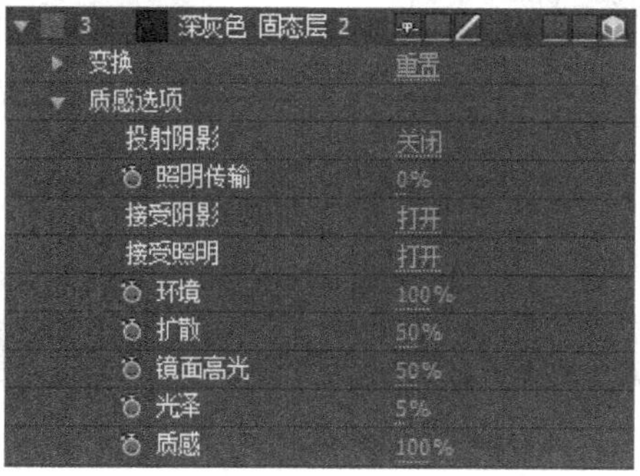

图 4.15 层的材质选项设置

参数说明如下。

（1）投射阴影：决定当前层是否产生阴影。共有两个选项："关闭"和"打开"。默认状态下为"关闭"，表示系统将关闭图层的阴影；将参数设置为"打开"，表示可以使该层向其他图层投射阴影。

（2）照明传输：表示灯光能够透过当前层的强度。默认为 0%，表示灯光不能透过层，最大值为 100%。

（3）接受阴影：决定当前层是否接受阴影。参数取值分为"打开"和"关闭"两个选项，"关闭"表示不接受阴影；"打开"表示接受阴影。图 4.16（a）所示为方格背景层不接受阴影图，图 4.16（b）所示为方格背景层接受阴影图。

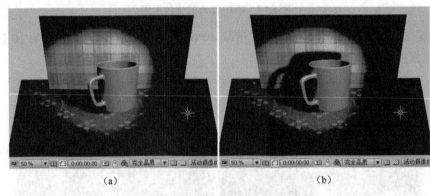

（a）　　　　　　　　　　　　　（b）

图 4.16　接受阴影与否的效果对比

（4）接受照明：控制当前层接受光的影响度。可以设置参数取值为"打开"和"关闭"两个选项。"关闭"表示不接受灯光，"打开"表示接受灯光。下面几个选项为设置接受环境、扩散、镜面高光、光泽和质感等方面的影响。

① 环境：表示接受环境光影响的程度，参数为 100%时受环境光的影响，参数为 0%时完全不受其影响，默认为 100%。

② 扩散：控制层接受灯光后的发散程度。参数值为 0%～100%，数值越大，则接受灯光的发散级别越高，对象越亮，默认为 50%。图 4.17（a）所示为杯子层扩散级别为 50%时的效果图，图 4.17（b）所示为杯子层扩散级别为 100%时的效果图。

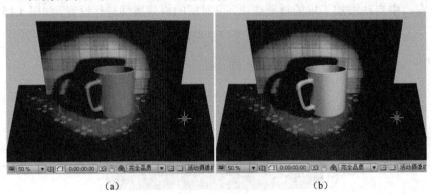

（a）　　　　　　　　　　　　　（b）

图 4.17　扩散效果对比

③ 镜面高光：调整该参数，可以控制对象的镜面反射程度。参数值为 0%～100%，数值越大，反射级别越高，高光斑越明显，默认为 50%。

④ 光泽：用于控制高光的光泽度。其前提是高光值设置不为 0%。数值越大，高光越集中，数值越小，高光范围越大，默认为 5%。

⑤质感：用于控制层对象的金属质感级别，参数值为 0%～100%，数值越大，质感越强，默认值为 100%。图 4.18（a）为杯子层的金属质感级别为 0%时的效果图，图 4.18（b）所示为杯子层的金属质感级别为 100%时的效果图。

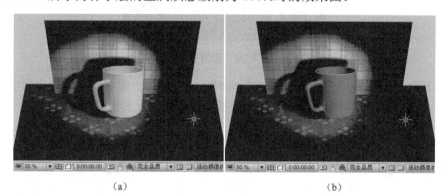

（a）   （b）

图 4.18　金属效果对比

4.2.3　灯光应用实例

有了灯光还不能产生光影效果，还需要对 3D 层进行如下设置。

（1）首先设置照明类型为能够产生阴影的灯光，即为平行光、聚光灯或点光，而不能为环境光，环境光不产生阴影效果。

（2）物体必须设置接受照明产生阴影的属性，即在材质选项中设置"接受阴影"属性为"打开"。

（3）必须设置一个用于接受阴影的层。

（4）产生阴影的层和接受阴影的层之间必须在空间上存在距离。

下面利用照明制作一个光影动画效果，如图 4.19 所示。

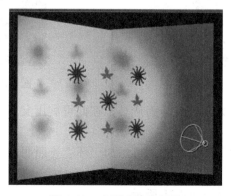

图 4.19　光影动画效果图

实例操作步骤如下。

（1）新建一个项目，在项目中导入实例所需要的图片素材"太阳.psd"。

（2）新建一个合成。选择"图像合成"→"新建合成"命令，新建一个合成。

（3）在时间线的控制区右击，新建两个白色的固态层，通过调整层的旋转、缩放等属性，搭建一个类似书本打开的三维空间效果，并将"太阳.psd"也装配到时间线中，如图 4.20 所示。

图 4.20　图层摆放

（4）给"太阳.psd"层添加一个旋转动画。单击键盘上的 R 键打开"太阳.psd"的"旋转"属性，给"Y 轴旋转"参数添加关键帧，分别设置旋转值为–40，40，–40，如图 4.21 所示。

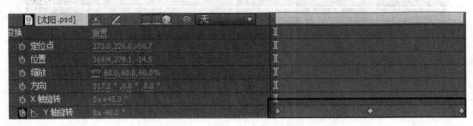

图 4.21　添加三个关键帧

（5）新建照明图层，类型为"聚光灯"，其参数如图 4.22 所示。设置"太阳.psd"图层，打开其材质属性，设置其参数，如图 4.23 所示，打开接受阴影的层。

图 4.22　新建照明图层

图 4.23　接受阴影的层

（6）使聚光灯随着太阳的旋转而旋转，在此可利用父子关系来实现，如图 4.24 所示。

（7）为了提亮周围环境的高亮，可添加一环境光照明，强度控制在 30%左右，不宜太高。

（8）保存项目，效果如图 4.25 所示。

图 4.24　父子关系

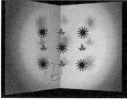

图 4.25　效果图

4.3　摄像机的使用

摄像机的功能主要是从不同的角度及距离来拍摄对象。摄像机可以模拟真实摄像机的缩放、焦距、观景窗口及景深等效果。在一个合成中可以创建多个摄像机，在摄像机视窗中可以从多个摄像机视角观看合成效果，但是最后只有一个摄像机所观察的画面被输出。

4.3.1　创建摄像机

可以选择"图层"→"新建"→"摄像机"命令，或者在合成图像或"时间线"窗口中右击，在弹出的快捷菜单中选择"新建"→"摄像机"命令，新建一个摄像机，弹出"摄像机设置"对话框，如图 4.26 所示。

在该对话框中，可以对摄像机参数进行如下设置。

（1）名称。在名称一栏中指定摄像机的名称，默认情况下，系统以摄像机 1、摄像机 2、摄像机 3……按照先后顺序进行命名。可以在名称一栏对摄像机进行个性化命名。

（2）预置。在预置下拉列表中可以选择摄像机所使用的镜头类型。After Effects提供了九种常用的摄像机类型。从视野范围极广的 15 mm 广角镜头到 35 mm 的标准镜头，以及 200 mm 的鱼眼镜头等常见的镜头都包括在内。

15 mm 广角镜头具有极广的视野范围，它以广阔的视角观察世界，可以看到非常广阔的空间；缺点是会产生较大的透视变形扭曲，常常用来产生特殊效果。图 4.27（a）所示为灯光、摄像机与素材层的相对位置，图 4.27（b）所示为摄像机视图效果。

35 mm 标准镜头是最常用的镜头类型，它的视角接近人眼，因此用此镜头观察的世界最接近真实情景。图 4.28（a）所示为灯光、摄像机与素材层的相对位置，图 4.28（b）所示为摄像机视图效果。

200 mm 鱼眼镜头的视角范围极小，类似鱼眼观察世界，以这个视角只能观察到极小的空间，几乎不会产生透视变形。图 4.29（a）所示为灯光、摄像机与素材层的相对位置，图4.29（b）所示为摄像机视图效果。

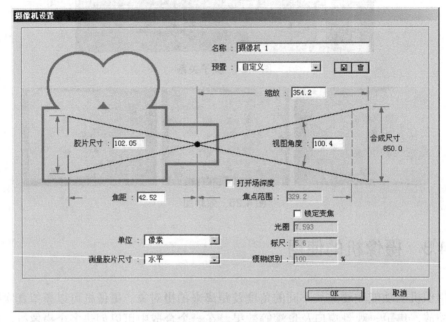

图 4.26　"摄像机设置"对话框

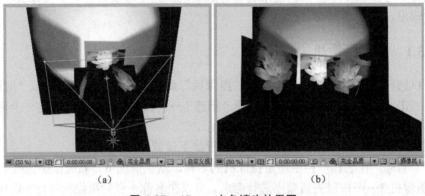

（a）　　　　　　　　　　　　　　　　　（b）

图 4.27　15mm 广角镜头效果图

（a）　　　　　　　　　　　　　　　　　（b）

图 4.28　35mm 标准镜头效果图

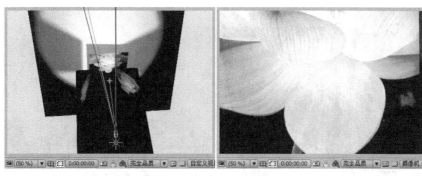

（a）　　　　　　　　　　　　　　（b）

图 4.29　200mm 鱼眼镜头效果图

（3）自定义设置。自定义设置包括缩放、视图角度、胶片尺寸和焦距四项，当自定义摄像机镜头或视角参数时，预置选项处显示"自定义"。缩放指摄像机到对象的距离；视图角度表示摄像机的可视角度；胶片尺寸用于设置合成图像的尺寸；焦距用于设置摄像机的焦点长度，其数值越小，摄像机视野范围越大。熟悉摄影知识的读者很容易理解这四个参数之间的联系，这些参数是相互关联的，当改变其中一个参数后，其他参数也会随之改变。

（4）打开场深度。After Effects 摄像机支持镜头聚焦效果。它可以模拟真实摄像机，由镜头的聚焦点和光圈设置决定图像的远近虚实效果。如图 4.30 所示是场深度设置选项，选择"打开场深度"复选框（场深度即景深），就启动了 After Effects 的镜头聚焦功能。摄像机示意图如图 4.31 所示。场深度各项参数说明如下。

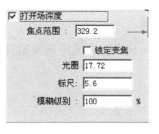

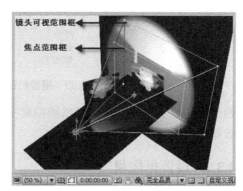

图 4.30　场深度设置　　　　　　图 4.31　摄像机示意图

① 焦点范围：是决定聚焦效果的重要参数，它决定了镜头的聚焦位置。系统以焦点为基准决定聚焦的效果，焦点处图像是最清晰的，然后根据聚焦的像素半径进行模糊处理，从而产生虚实对比的效果。如图 4.32 所示，在合成图像中摄像机示意图上，存在两个范围框，其中一个为焦点范围框，另一个为镜头可视范围框。焦点范围框相当于镜头可视范围框的位置可以前后移动，在不同的位置会显示不同的聚焦效果。选择"锁定变焦"复选框，系统可以将焦点锁定到镜头，即"焦点范围"与"缩放"的设置是共同变化的，使画面总是保持相同的聚焦效果。

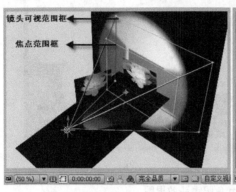

镜头可视范围框

焦点范围框

(a)　　　　　　　　　　　　(b)

图 4.32　聚焦效果

② 光圈：该参数决定镜头快门尺寸。快门开得越大，受聚焦效果影响的像素就越多，模糊范围就越大，模糊的效果就越明显。其参数同"标尺"是同步变化的。

③ 模糊级别：该参数控制聚焦效果的模糊程度。数值越大模糊程度越高；参数的默认值为 100%，参数为 0%时不产生模糊效果。

还可以在"时间线"窗口中设置"场深度"，打开摄像机层的摄像机选项属性设置界面，如图 4.33 所示。

2	摄像机 1	
▷	变换	重置
▽	摄像机选项	
	⟳ 缩放	826.4 像素 (54.4 ° H)
	景深	打开
	⟳ 焦距	420.0 像素
	⟳ 光圈	140.0 像素
	⟳ 模糊级别	100 %

图 4.33　摄像机选项属性设置界面

通过使用镜头聚焦功能，可以模拟真实的空间效果，从而在合成中与原始视频的聚焦效果达到一致。

4.3.2　设置摄像机

在合成图像中建立摄像机后，系统在"时间线"窗口中自动添加摄像机层。在"时间线"窗口中选择摄像机层后，在合成图像窗口中会显示摄像机结构示意图，但是在默认视图即"活动摄像机"视图下，一般不容易看到摄像机结构示意图。选择工具栏中的"手动"工具 ，然后在合成窗口中拖曳合成图像，就可以看到摄像机结构示意图了。系统为了方便观看摄像机及对象在三维空间中的位置，在三维视图中提供了三种自定义视图，使用这三种自定义视图，可以很方便地观看摄像机结构示意图。选择"自定义视图 3"后，摄像机结构示意图如图 4.34 所示。

可以使用层的属性设置摄像机，其方法如下。

在"时间线"窗口中选择摄像机，展开它的属性选项，一般包括"变换"和"摄像机选项"两种属性，其中"变换"属性与灯光的"变换"属性是相同的，一般包括目标点、位置、方向、旋转等；"摄像机选项"属性主要是用于设置场深度的各种选项，如图 4.35 所示。

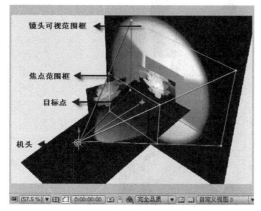

图 4.34　摄像机结构示意图 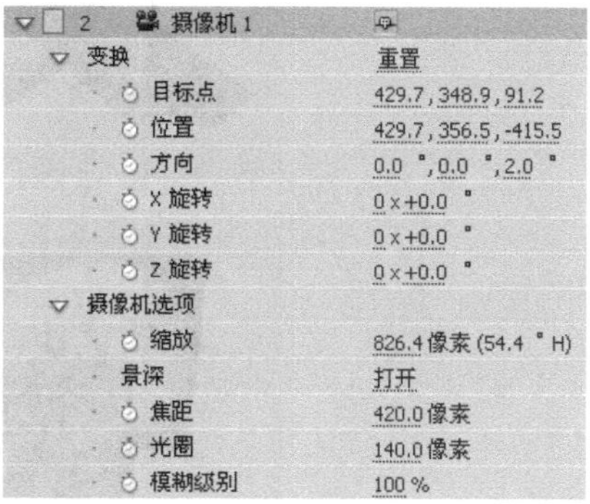　　　图 4.35　摄像机选项

图 4.35 中"变换"属性各个参数的含义如下。

（1）目标点：该参数设置摄像机的目标点位置。在摄像机结构示意图的机头前方有一个目标点，摄像机以它为观察对象，当移动目标点时参数范围会随之变化。但是如果使用"自动定向"功能，则摄像机自动定向到路径时，系统忽略目标点。

（2）位置：该参数设置摄像机机头在三维空间中的位置。

（3）方向：该参数设置摄像机在 X 轴、Y 轴、Z 轴的旋转。

（4）X 旋转、Y 旋转、Z 旋转：该参数分别设置摄像机在 X 轴、Y 轴、Z 轴的旋转参数。

4.3.3　使用工具移动摄像机

在 3D 合成中建立摄像机后，系统允许在合成窗口中以预置的四种三维视图方式观察摄像机；还可以使用工具箱中的摄像机工具调节现有的摄像机视图。

摄像机工具有如下三种。

（1）轨道摄像机工具：用于对摄像机进行旋转操作。左右拖曳则水平旋转；上下拖曳则垂直旋转。

（2）XY 摄像机工具：在 XY 坐标系的二维空间对摄像机进行移动操作。

（3）Z 摄像机工具：在 Z 坐标轴上对摄像机进行拉伸移动操作。

结合使用这些工具，可以对摄像机在三维空间的位置进行调整。

图 4.36（a）所示为在合成窗口中选择"自定义视图 3"后摄像机结构示意图；选择"轨道摄像机"工具，在合成中按住鼠标左键并向右拖曳，使摄像机水平旋转到图 4.36（b）所示的位置；然后选择"XY 摄像机"工具，在合成中按住鼠标左键并向

右拖曳，使摄像机水平向右移动到图 4.36（c）所示的位置；再选择"Z 摄像机"工具，在合成中按住鼠标左键并向上拖曳，使摄像机在 Z 轴方向上拉近，结果如图 4.36（d）所示。

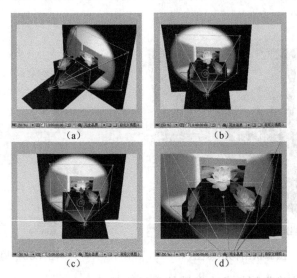

图 4.36　移动摄像机效果图

◤ 4.4　三维辅助功能的应用

在 After Effects 中进行三维合成时，还有一些辅助功能可以使用，这些辅助功能分别从软件和硬件上对 3D 合成起到了简化和加速的作用。

4.4.1　OpenGL 硬件渲染引擎

单击"编辑"→"参数"→"预览"命令，可以设置预演时的 OpenGL 开关。只有计算机的显卡支持 OpenGL 技术，并且在此处打开了 OpenGL 开关，下面的设置才是有效的；否则，下面的相关设置命令显示为灰色（不可用）。

在"项目"窗口中选择要进行设置的合成，选择"图像合成"→"图像合成设置"命令，弹出"图像合成设置"对话框，切换到"高级"选项卡，如图 4.37 所示。在渲染插件中选择进行 3D 渲染时所使用的渲染方式，在此可以选择高级 3D、标准 3D、OpenGL 硬件三种方式，默认情况下系统使用高级 3D 进行渲染。

高级 3D 方式与标准 3D 方式均支持运动模糊、阴影、照明、场深度等三维效果，高级 3D 方式还支持对三维空间交叉层的消隐效果。

在合成中设置 OpenGL 硬件渲染，开启了渲染影片时使用 OpenGL 硬件加速。而且快速 RAM 预演中也可以使用 OpenGL 硬件加速，在操作合成时无须降低分辨率或使用线框方式就可以预演。这时需要单击合成窗口下方的"快速预演"按钮，在菜单中选取相应的 OpenGL 命令，如图 4.38 所示。

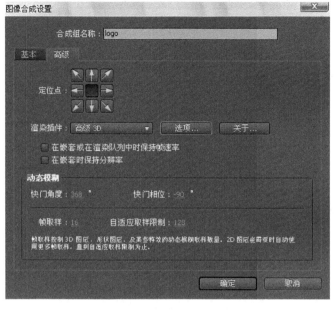

图 4.37　渲染插件设置

图 4.38　快速预演设置

4.4.2　三维辅助效果插件

After Effects 可以使用各种插件来增强其本身的功能，提高编辑效率。常用的 3D 辅助效果插件如图 4.39 所示。

图 4.39　常用的 3D 辅助效果插件

After Effects 没有自带这 10 个插件，需要用户使用安装程序安装到 After Effects 安装目录下的 Support Files 下的 Plug-ins 文件夹中，通过选择"窗口"菜单下的相应命令进行调用。这些插件可以实现球体、锥体、平面、矩阵、线性、圆柱、立方体、方体盒子类型的三维图层的创建或排列。在这里主要介绍三种，若读者感兴趣，可自己查阅资料学习。

1．Spheroid Distribution（球体排列）

Spheroid Distribution 插件可以使选定的层在指定的球体范围内排列。选择"窗口"→"Spheroid Distribution"命令，弹出如图 4.40 所示的对话框。

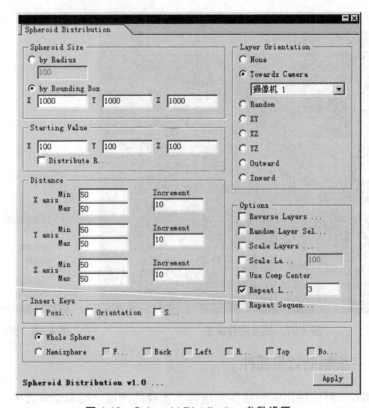

图 4.40　Spheroid Distribution 参数设置

（1）Spheroid Size：设定球体大小。by Radius 使用半径设定大小，使用 by Bounding Box 参数设定球体与 X、Y、Z 轴包围的边界框相切。

（2）Starting Value：设定层开始排列的起始位置。该处的 Distribute Random 指层的排列起始点是随机的。

（3）Distance：设定层进行排列时各个层在 X、Y、Z 轴上的间隔大小。

（4）Insert Keys：在排列时可以自动插入关键帧，依据可以是位置、取向等。

（5）Layer Orientation：设定层排列时的方向，选项包括 None、Towards Camera、Random、XY、XZ、YZ、Outward、Inward。

（6）Options：设定 Reverse Layers…、Random Layer Sel…、Scale Layers…等。

可以使用多个层，也可以使用单个层进行重复创建。在"时间线"窗口中选定一个层，如图 4.41（a）所示，在"设置"对话框中选择如图 4.40 所示的参数，单击 Apply 按钮，效果如图 4.41（b）所示。

▶2. Spheroid Creator（搭建球体）

Spheroid Creator 插件可以在合成中使用 3D 层搭建一个球体。选择"窗口"→"Spheroid Creator"命令，弹出如图 4.42 所示的对话框。

（1）Radius：设定球体的半径。

（2）Bounding Box：设定球体与 X、Y、Z 轴包围的边界框相切。

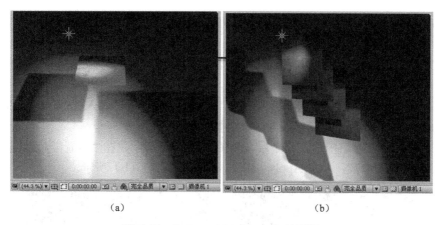

（a）　　　　　　　　　　　　　　（b）

图 4.41　Spheroid Distribution 效果图

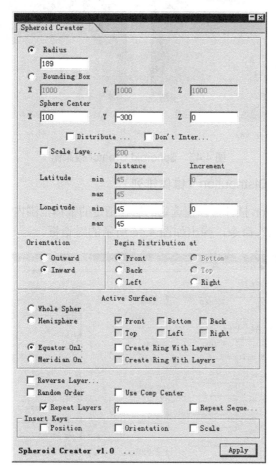

图 4.42　Spheroid Creator 参数设置

（3）Sphere Center：设定球体的球心坐标。

（4）Latitude/Longitude：设定球体的纬线或经线的间距及递增幅度。

（5）Orientation：设定创建的球体的朝向，可以选择 Outward 或 Inward。

（6）Begin Distribution at：设定层的排列起始处，选项有 Front、Back、Left、Right、Bottom、Top。

（7）Active Surface：设定构建的球体的活动表面。有四种选择，包括 Whole Sphere、Hemisphere、Equator Only、Meridian Only。

该对话框中还包括反转层、随机顺序、缩放层、重复层、插入关键帧等属性设置，这与 Spheroid Distribution 插件相同，不再赘述。

在"时间线"窗口中选定一个层，如图 4.43（a）所示，在"设置"对话框中选择如图 4.42 所示的参数，单击 Apply 按钮，效果如图 4.43（b）所示。

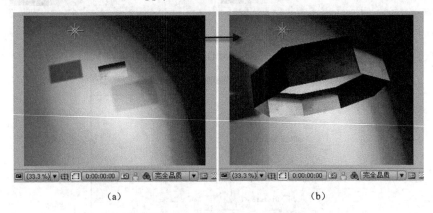

（a）　　　　　　　　　　　　（b）

图 4.43　Spheroid Creator 效果图

3．Pyramid Distribution（锥体排列）

Pyramid Distribution 插件可以使选定的层在指定的锥体范围内排列。选择"窗口"→"Pyramid Distribution"命令，弹出如图 4.44 所示的对话框。

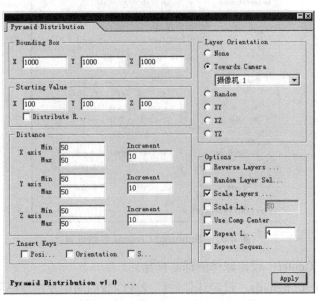

图 4.44　Pyramid Distribution 参数设置

Pyramid Distribution 的参数设置与 Spheroid Distribution 的参数设置类似，这里不再赘述。

在"时间线"窗口中选定一个层，如图 4.45（a）所示，在"设置"对话框中选择如图 4.44 所示的参数，单击 Apply 按钮，效果如图 4.45（b）所示。

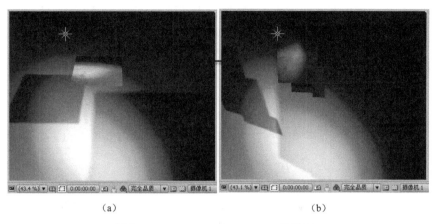

（a）　　　　　　　　　　　　　　　（b）

图 4.45　Pyramid Distribution 效果图

4.5　三维合成实例：翩翩起舞的蝴蝶

4.5.1　设计思路

在本例中，通过一个实例学习三维空间中的合成方法，以一张用 Photoshop 制作的图片来生成一只翩翩起舞的蝴蝶，主要学习摄像机和灯光的使用。

4.5.2　操作步骤

1. 制作扇动翅膀的蝴蝶

（1）启动 After Effects，在"项目"窗口中双击，弹出"导入文件"对话框，选择"butterfly.psd"。在"导入为"下拉列表中选择"合成"项，将保持素材文件原始的图层合成状态，而导入为一个合成，如图 4.46 所示。

（2）在"项目"窗口中双击 butterfly.psd 前面的合成图标，打开已经生成的合成文件，可以看到 PSD 文件里的图层已经整齐有序地摆放在"时间线"窗口里了。

（3）选择"图像合成"→"图像合成设置"命令，影片持续时间设为 6 秒。

（4）在"时间线"窗口的开关栏中单击按钮，将所有层转换为三维对象。

（5）butterfly.psd 图片包括 3 个图层，分别是左右两边的翅膀和中间的身体，为了制作动画时使之成为一个整体，需要使用"父子关系"来建立统一的关联。

（6）在"父级"面板中按住层"RIGHT"的按钮，将其拖曳到层"CENTER"上，松开鼠标左键。可以看到，在按钮旁边的下拉列表中显示"CENTER"，现在已经将层"CENTER"设为层"RIGHT"的父对象。用相同的方法为层"LEFT"设置父对象，如图 4.47 所示。

图 4.46　导入一个合成

图 4.47　父子关系设置

（7）制作蝴蝶翅膀拍动的动画。选择层"RIGNT"，按键盘上的 R 键打开层的旋转属性。播放头放置到 0 秒位置，激活"Y 轴旋转"参数秒表装置，添加关键帧属性。沿 Y 轴旋转层"RIGHT"。可以看到，翅膀并没有按照预想的那样绕蝴蝶身体振动，而是以翅膀自身的中心点开始旋转。这是由定位点的问题导致的现象。

（8）在工具箱面板中选择定位点工具。按住鼠标左键，分别将左、右翅膀的中心点拖曳到蝴蝶的身体中心，从而保证翅膀以蝴蝶的身体中心为定位点旋转。

（9）设置沿 Y 轴旋转层"RIGHT" 70°。同样激活层"LEFT"的"Y 轴旋转"参数秒表装置。设置沿 Y 轴旋转层"LEFT" −70° 左右，如图 4.48 所示。

（10）将播放头拖动到 10 帧左右的位置。将层"RIGHT"的 Y 轴旋转设为−70°，将层"LEFT"的 Y 轴旋转设为 70°，自动建立第二套关键帧，如图 4.49 所示。

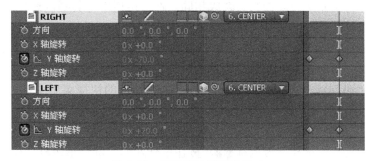

图 4.48　层旋转设置

图 4.49　第二套关键帧的建立

（11）按键盘上的空格键或小键盘上的 0 键，或者单击"预览控制台"面板上的播放按钮  进行预演，浏览动画效果。可以看到蝴蝶翅膀上下拍动一下就停止了，如果要让蝴蝶翅膀反复拍动，按照前面学到的知识，可以采用复制关键帧的方法，即选中刚才设置的关键帧，执行复制命令，然后移动播放头到下一个振翅位置，粘贴关键帧。如此重复操作，即可完成蝴蝶不停振翅的动画。但是这种方法比较麻烦，实际上，After Effects 具有更加便捷的实现方法——添加表达式。

（12）利用添加表达式控制动画，主要通过层与层之间的联动原理，即利用一个层的某项属性影响其他层。After Effects 使用 JavaScript 描述表达式。有关表达式的具体使用方法将在后面的章节中讲到。

（13）选择层"RIGHT"的 Y 轴旋转属性。选择"动画"→"添加表达式"命令，或者在按住键盘上的 Alt 键的同时单击 Y 轴旋转前面的 图标，就可以为旋转属性添加一个表达式。可以看到，系统在"时间线"窗口中显示一个默认的表达式。在表达式栏中输入下面的表达式：loop_out(type="pingpong", num-keyframes=0)，如图 4.50 所示。

图 4.50　输入表达式

（14）表达式的意思为，定义循环的关键帧采用 Loop-out 语句，Pingpong 则定义了循环的方式。PingPong 方式下，就像打乒乓球一样，来回来去、周而复始地循环。

根据设定的表达式，系统控制动画，产生循环的振翅效果。

（15）复制该表达式，粘贴给层"LEFT"的 Y 轴旋转属性，为层"LEFT"建立同样的表达式。

（16）在"预览控制台"面板上单击 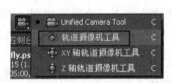 按钮进行预演，可看到蝴蝶上下循环拍动翅膀的效果。

▶2．搭建三维场景

（1）右击"时间线"面板的空白区域，在弹出的快捷菜单中选择"新建"→"固态层"命令。将填充层尺寸设为与合成相同。在颜色栏中将其颜色设为橙色。

（2）在"时间线"面板开关栏中单击 ⚙ 按钮，将该层转换为三维图层。

（3）选择层"固态层"，按 R 键展开层的旋转属性。将层"固态层"沿 X 轴旋转90°。再将其位置沿 Y 轴向下移动，参数约为 186。

（4）在"时间线"面板的空白区域右击，在弹出的快捷菜单中选择"新建"→"摄像机"命令，打开摄像机设置面板，本例中使用默认参数设置即可，创建一个摄像机层。

（5）在工具箱中选择旋转图标 ⚙ ，按住鼠标左键，旋转摄像机到如图 4.51 所示的位置。

图 4.51　位置调整

（6）选择层"CENTER"，利用移动工具，将其沿 Y 轴向上移动，使蝴蝶距离橙色背景保持一定的距离，在此可以通过四视窗观察调整。

（7）选择层"CENTER"，沿 X 轴旋转层"CENTER"90°，使其与橙色背景平行，如图 4.52 所示。

（8）通过设置位置属性让蝴蝶飞起来。单击层"CENTER"的位置属性秒表装置 ⏱ ，激活关键帧属性。移动蝴蝶，从影片上方飞入，在镜头中盘旋拍翅飞舞。建立如图 4.53所示的运动路径，在此可打开四视窗进行路径的调整。

（9）当为 3D 层建立位移动画后，其产生位移路径具有 X、Y、Z 三个轴，与二维路径有了差别。在此可以发现，蝴蝶在路径上移动时，是一种平移运动，并且总是朝着一个方向运动。可以使用"自动定向"工具使对象自动定向到路径。选择"图层"→"变换"→"自动定向"命令，在弹出的对话框中选择"沿路径方向设置"。可以看到，蝴蝶会自动随着运动路径的变化而改变方向。如果蝴蝶背对路径，可以选"CENTER"层为它做 Z 轴 180°旋转。

图 4.52　蝴蝶与背景平行

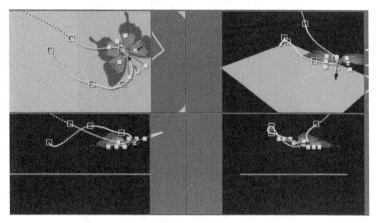

图 4.53　蝴蝶的运动路径

（10）下面为摄像机设置动画。选择层"摄像机"，展开其变换和摄像机选项属性栏。在 3 秒位置激活缩放参数关键帧。

（11）将播放头移动到结束位置，将缩放参数设为 1000 左右，将摄像机推近。在工具箱面板中选择摄像机工具，使用移动、旋转摄像机工具调整，对齐蝴蝶，如图 4.54 所示。

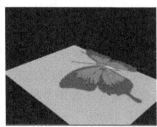 

图 4.54　摄像机推近

3. 灯光的效果处理

（1）在时间线面板的空白区域右击，选择"新建"→"照明"命令，弹出"照明设置"对话框。在"照明类型"下拉列表中选择"聚光灯"。将"强度"设为"150%"，"圆锥角"设为"50"，"锥角羽化"设为"30"，"颜色"栏中使用默认的白色光线。

（2）选择"投射阴影"复选框，可以在场景中产生投影。"阴影暗度"设为"60%"。"阴影扩散"参数可以根据层与层间的距离产生柔和的漫反射投影。较低的值产生的投影边缘较硬，这里设置为"10"。单击"确定"按钮，如图4.55所示。

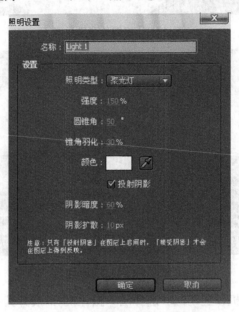

图4.55 "照明设置"对话框

（3）调整聚光灯的位置，使蝴蝶全被照亮。

（4）可以看到，在建立了灯光并打开投影设置后，场景中并没有产生投影效果。这是因为投影不仅由灯光决定，还受到对象材质的影响。选择层"LEFT"和层"CENTER"材质属性的"投射阴影"复选框，产生投影。

（5）由于蝴蝶的翅膀是半透明的，所以投影也不该是一片黑色，而是产生彩色透明的阴影。在层"RIGHT"、"LEFT"、"CENTER"的材质属性中，分别将"照明传输"参数设置为"50%"。可以看到，阴影呈现彩色透明效果。该参数用于调节阴影传输模式，数值越大，透明效果越强。

（6）在此时的效果中，灯光始终处于照亮蝴蝶状态。由于蝴蝶是不停地运动的，所以必须让光线跟着蝴蝶运动。可以移动聚光灯的目标兴趣点，设置关键帧，使其尾随蝴蝶位置运动。在此可以用简单的方法来设置动画，运用添加表达式的方法来实现。

（7）选择"CENTER"层，按P键打开其位置属性，选择"照明1"灯光层，展开"变换"属性并选择"目标兴趣点"参数，选择"动画"→"添加表达式"命令，或在按住Alt键的同时单击"目标兴趣点"前面的图标，为其添加一个表达式。

这次不用输入表达式语句，单击 ◉ 图标，按住鼠标左键，拖曳出一条直线，将该直线指向层 "CENTER" 的位置属性，松开鼠标左键，即可建立连接，如图 4.56 所示。

图 4.56　表达式添加

（8）将灯光的目标兴趣点与蝴蝶的位置运动进行关联。

（9）光线尾随蝴蝶运动的效果实现了。接下来，在场景中添加一个环境光，提高场景的亮度。在时间线面板的空白区域右击，选择 "新建" → "照明" 命令，弹出 "照明设置" 对话框。在 "照明类型" 下拉列表中选择 "环境光"。将 "强度" 设为 "30%"，"颜色" 设为 "红色"。

（10）动画设置完毕。

（11）保存项目或选择 "图像合成" → "预渲染" 命令将影片渲染输出，观察效果。

在本例中，学习了三维空间的合成方法，特别是摄像机和灯光的添加及设置，读者可多加练习，灵活使用摄像机的镜头移动、推拉焦距产生镜头模糊等效果，使影片更加完美。

思考与练习

1．填空题

（1）在默认情况下，摄像机移动时以_____为基准。

（2）After Effects 提供了三种坐标系工作方式，分别是_____、_____和_____。

2．选择题

（1）在 After Effects 的摄像机设置面板中，"焦距" 决定：

    A．镜头的焦点位置；   B．镜头的快门尺寸；

    C．聚焦效果的模糊程度；   D．镜头的可视范围。

（2）文本层可以添加的动画属性有：

    A．不透明度；   B．倾斜；

C. 位置；   D. 旋转。

（3）使运动对象与其运动路径方向一致，应该使用？

A. 建立旋转关键帧；   B. 应用自动定向命令；

C. 在 Align 面板中设置对齐   D. 修改运动路径。

（4）在三维空间中进行合成时，After Effects 最多可以同时打开几个窗口进行工作？

A. 1；   B. 2；   C. 3；   D. 4。

（5）After Effects 中，投射彩色阴影由什么因素决定？

A. 照明灯；   B. 摄像机；

C. 透射阴影层的材质属性；   D. 接受阴影层的材质属性。

3. 简答题

（1）简述灯光的主要功能。如何新建一个灯光层？

（2）摄像机的主要功能是什么？如何创建一个摄像机？

（3）如何绑定灯光？

第 *5* 章

After Effects 文字特效

本章学习目标：
- ➢ 创建文字的方法；
- ➢ 掌握文字动画属性的设置；
- ➢ 掌握路径文字的应用。

在观看影视合成作品时，经常会发现一些漂亮的文字效果和文字动画。文字不仅起到简单的说明作用，还起到修饰画面的作用，甚至一些影片完全以文字为主体来完成。文字特效在影视合成中的作用越来越重要了。

5.1　文字创建

要制作文字特效，首先需要创建文字，并对文字的字体、大小、样式、间距和段落等属性进行设置。也可以对文字进行修饰，可以对文字添加阴影、纹理效果、渐变效果、三维效果和立体效果。

创建文字的方法其实很简单。可以使用工具栏中的文本工具按钮 来创建文本，如图 5.1 所示。用鼠标单击文本工具按钮，会弹出文本的下一级菜单。在下一级菜单中可以设置文字的排列形式：横排字符或竖排字符。文本属性的设置较为简单，在此不再赘述。

图 5.1　工具栏中的文本工具按钮

5.2　文字动画

5.2.1　创建文字动画

在合成中输入文字后，系统自动在"时间线"窗口中创建一个文本层。在文本层中可以对文字的属性进行相应的修改，设置文本层属性如图 5.2 所示。

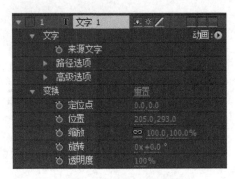

图 5.2　设置文本层属性

　　在文本层中，可以对文字的源文本、路径及变换等属性进行设置和改变。对于某一个或某些属性，可以通过添加关键帧来创建关键帧动画。例如，可以通过改变源文本的属性设置关键帧，以实现不同时间显示不同文本的动画效果。

　　除了对文字层添加一些基本的层关键帧动画外，After Effects 中还对文字提供了更多的动画功能。在文本层的文本属性右侧有一个"动画"按钮⑩，单击它会弹出动画下拉菜单，如图 5.3 所示。

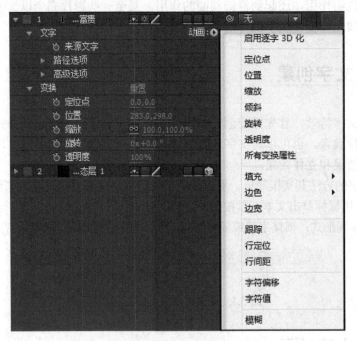

图 5.3　选择文字动画的类型

　　动画类型包括对文字的变换属性进行动画设置，包括定位点、位置、缩放、倾斜、旋转、透明度，还包括对文字其他属性的动画设置，包括填充、边色、边宽、跟踪、行定位、行间距、字符偏移、字符值和模糊等。

　　若需要创建文字动画，只要在动画下拉菜单中选择相应的文字动画命令即可。

5.2.2　文字动画属性设置

下面以为所选择的文字层添加一个缩放动画为例，介绍文字动画的属性设置，具体操作步骤如下。

（1）选择文本层，从动画预置菜单中选择"缩放"命令，系统自动为文本层添加缩放动画属性，如图 5.4 所示。如果还需要为文本层添加其他文字动画，可以单击动画属性右侧的"添加"按钮，在弹出的菜单中选择"特性"或"选择"菜单下的动画类型，如图 5.5 所示。

图 5.4　添加缩放动画属性

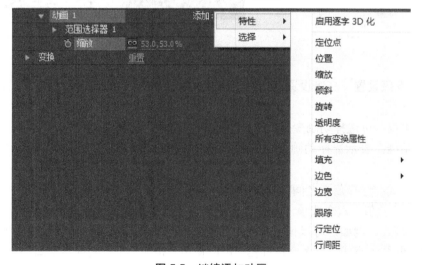

图 5.5　继续添加动画

（2）为文字层添加了一个动画后，在文字层上自动添加了"动画 1"属性。在"动画 1"属性下面添加"区域选择器 1"。在区域选择器中可以对动画的属性进行设置，如图 5.6 上部所示。

下面详细介绍动画的属性设置。

（1）范围设置。范围设置是指在区域选择器中设置文字变化的范围。需要设置开始位置、结束位置和偏移参数。可以在"区域选择器"的属性中设置。例如，设置开始位置为 4，结束位置为 10，偏移为 2，位置设置如图 5.7（a）所示。还可以直接在合成窗口中使用鼠标拖曳文字的开始位置和结束位置标志。例如，从第 4 个字符开始向右取到第 10 个字符。在此基础上向右偏移两个字符，如果偏移参数为负数，则向左偏移，效果如图 5.7（b）所示。

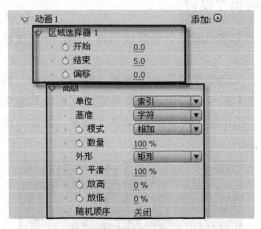

图 5.6　设置动画属性

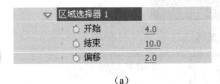

（a）

（b）

图 5.7　设置文字选择范围

（2）高级设置。高级设置是指在"高级"属性中对动画的其他一些属性进行具体设置。

① 单位：可选择动画变化的单位，包括"百分比"和"索引"。

② 基准：表示选择动画变化的基础，选项包括"字符"、"字符间隔"、"语句"和"行"。

③ 模式：选择范围之间的叠加模式，包括"相加"、"相减"、"交叉"、"最小"、"最大"和"差值"六个选项。如果只有一个选择器，模式表示选择范围和整个文本之间的组合模式。例如，可以使用"相减"模式将选择范围反转，而其他模式不起任何作用。如果文字动画中有多个选择器，可以使用"相加"模式来选择动画的有效范围。例如，如果"区域选择器 1"选择文字中的 2～7 的字符，而"区域选择器 2"选择 4～10 的范围，设置"区域选择器 1"为相加模式，改变"区域选择器 2"的模式，观察两者相互叠加后的选择范围，效果如图 5.8 所示。

④ 数量：该属性决定动画效果变化的幅度，取值范围为-100%～100%。如果值为 0%，表示无效果；如果值为 50%，表示效果幅度是属性设置值的一半；若值为 100%，表示完全符合属性设置的值。当值为负时，表示动画效果与正值时相反。分别设置数量的值为 0%、50%、100%，效果如图 5.9 所示。

⑤ 外形：设置外形可以控制变化区域内文字变化的样式，包括"矩形"、"向上渐变"、"向下渐变"、"三角形"、"圆形"和"平滑"。各个外形变换效果如图 5.10 所示。

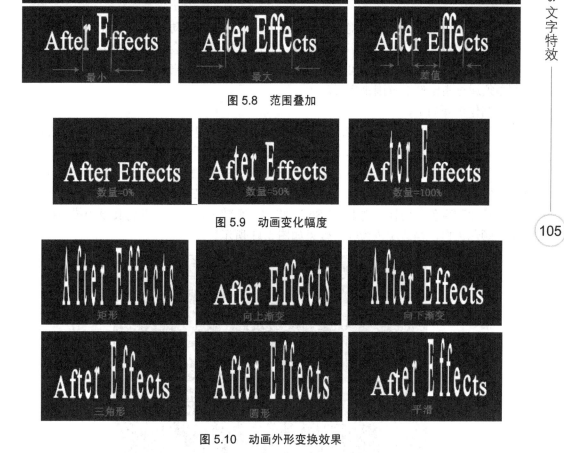

图 5.8　范围叠加

图 5.9　动画变化幅度

图 5.10　动画外形变换效果

⑥ 平滑：该属性只在"外形"为"矩形"时有效，设置文字动画从一种字符变换为另一种字符需要耗费的时间。

⑦ 放高和放低：该属性决定了动画效果在从当前选择的较高的属性值变化为较低的属性值的过程中动画变化的速度。"平滑"、"放高"和"放低"三个参数都用来调节"区域选择器"的选择范围内字符变化的范围和幅度，这些参数可以与模式参数结合，创造出很多特殊效果。

⑧ 随机顺序：这是一个设置随机效果变化的开关。打开该开关，在"区域选择器"中设置的动画效果属性以随机的顺序应用于文字层上。

⑨ 随机种子：该属性只在"随机顺序"按钮设置为"打开"时有效。它根据设置的数值计算"区域选择器"中设置的动画效果属性的顺序。当数值为 0 时，随机顺序由动画组自身决定；如果要设定动画组随机顺序的变化程度，需要设置非 0 数值。

5.3 文字动画实例

5.3.1 实例1：文字波动效果

文字波动效果模拟放大镜效果，即放大镜在文本上移动产生的动态效果。在本例中，放大镜经过的地方，文字会被放大，而周边邻近区域会根据距离放大镜的远近发生大小的变化。放大的效果可以通过为文本设置缩放属性来实现，而局部范围的影响则必须通过指定选取范围来实现。

制作步骤如下。

（1）启动 After Effects，选择"图像合成"→"新建合成组"命令，影片持续时间设为 6 秒。其余参数不变，单击"确定"按钮。

（2）在工具面板中选择Ｔ工具。在合成窗口中输入文本（After Effects CS6）。注意选中"文字"面板的Ｔ按钮。使用Ｔ工具选取"After Effects"，并在文字面板指定字体、尺寸和颜色；同样，选取"CS6"，指定一个较大的尺寸，并将其设为描边模式。填充颜色为白，描边颜色为红，效果如图 5.11 所示。

图 5.11 文本效果

（3）接下来为文字设置动画。在"时间线"窗口中展开文本层，显示其文本属性。在"动画"下拉列表中选择"缩放"属性。

（4）指定属性的影响区域。展开"范围选择器 1"，将"开始"设为 0%，"结束"设为 20%。一个较小的影响区域被指定，将缩放参数设为 300%，可以看到，处于影响区域的字符被放大，如图 5.12 所示。

（5）激活"范围选择器 1"卷展栏下的"偏移"参数的关键帧记录器。移动影响区域，产生波动动画。在合成的 0 秒位置记录一个关键帧，将偏移设为-20%。使文字在开始时间保持正常状态，移动时间指示器到影片结尾 5 秒位置，将偏移设为 100%。

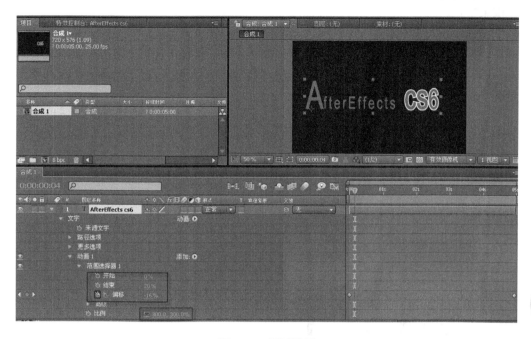

图 5.12　区域设置

（6）预览动画，可以看到，随着影响区域的移动，文字实现了局部区域放大的效果。

（7）在上面的动画中，文字由于放大而挤在一起。下面为动画添加字距，使文本在放大时可以保持队列。

（8）在文本属性"添加"下拉列表中选择"特性"下的"跟踪"命令，为动画添加字距属性，如图 5.13 所示。

（9）"跟踪数量"设为 40。预演动画效果，文字在放大的同时，保持了队列的原状。文字波动效果完成。

另外，还可以组合多种属性进行动画设置。

（10）接上例，下面设置动画文字的颜色。在"添加"下拉列表的"特性"中选择"填充颜色"下的 RGB 颜色模式。

（11）激活 RGB 属性关键记录器。移动时间指示器，在影片的不同时间段设置不同的颜色。预演效果，可看到文字在放大过程中不断变换颜色。

（12）下面让放大的字符内容发生变化。在"添加"下拉列表的"特性"栏中选择"字符值"，拖曳该参数，可看到字符改变。

（13）可以试着加入更多的属性来产生更加复杂的效果。

5.3.2　实例 2：文字飞闪效果

文字飞闪效果是指文字由屏幕外逐个快速飞入的效果，文字逐个由下向上飞入屏幕，通过为文本设置位置属性来实现该效果，而局部范围的影响则必须通过指定选取范围来实现。

制作步骤如下。

（1）建立文本层，并输入文字。具体操作步骤与实例1相同，这里不再赘述。

（2）在"时间线"窗口中展开文本层，显示其文本属性。在"动画"下拉列表中选择"位置"属性。

（3）展开"范围选择器 1"设置动画。由于文字逐个由下向上飞入，所以必须让选取范围由小变大来接受位置属性影响。激活"开始"参数关键帧记录器，在 0 秒记录位置为 0%，在 3 秒记录位置为 100%。播放动画，可以看到选取范围由小到大变化。

（4）修改位置参数。设置文本在字符上发射的位置。设置位置参数为（0，336）。效果如图 5.14 所示。

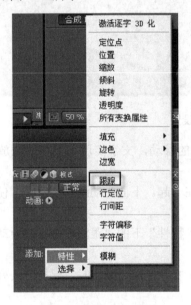

图 5.13 "跟踪"属性添加   图 5.14 字符发射的效果

（5）制作更加复杂的文字飞入效果，文字好像一条带有弧线的软带飞入屏幕。在此需要对区域动画的运动曲线进行修改。同时，还需要设置动画文字的缩放属性和不透明度属性。

（6）改变动画曲线的形状。展开"高级"卷展栏，在"形状"下拉列表中选择"上倾斜"，分别调整"柔和（高）"100%、"柔和（低）"75%，改变曲率，文字出现彩带。

（7）为了让效果更明显一些，进一步调整其位置参数为（–297，336）。接下来在"添加"下拉列表中选择"缩放"属性，增加到动画中，使文字由大变小进入屏幕。

（8）放大后的文本显得比较杂乱，在"添加"下拉列表中选择"特性"中的"透明度"属性增加动画，调整参数为 0%，使文字入屏的时候完全透明，效果如图 5.15 所示。

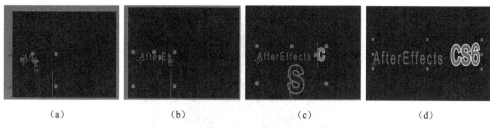

(a)	(b)	(c)	(d)

图 5.15　文字飞闪效果

5.3.3　实例3：随机变化效果

利用随机工具来产生比较杂乱、不受约束的效果。在本例中，文字由随机乱动到排列成为一行整齐的文本，首先需要对影响区域进行设置，然后添加动画属性并进行随机设置即可。

制作步骤如下。

（1）建立文本层，并输入文字，文字内容可继续借鉴实例1。

（2）在"时间线"窗口中展开文本层，显示其文本属性。在"动画"下拉列表中选择"位置"属性。

（3）在"添加"下拉列表中选择"选择"属性下的"摇摆"命令，为文字添加随机工具，随机工具可以影响处于该动画设置下的所有属性，如图 5.16 所示。

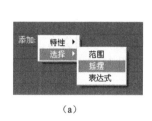

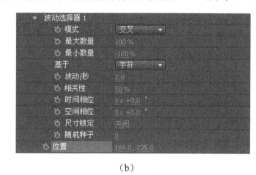

(a)	(b)

图 5.16　"摇摆"命令

（4）调整"位置"参数，可以看到字符位置在屏幕中随机运动。

（5）展开"波动选择器1"，在"模式"中可以设置随机参数的运算方法，在此选择"交叉"；调节"时间相位"和"空间相位"参数观察效果。将"波动/秒"设为6，得到一个合适的字符抖动速度。预览效果，可以看到字符在屏幕中的不同位置随机出现，效果如图 5.17 所示。

（6）在"添加"下拉列表中选择"特性"属性下的"旋转"命令，并设定一个旋转值。播放影片，可以看到，字符在随机变换位置的同时进行旋转。下面设定动画影响区域，使文本由杂乱无章恢复为井然有序。

（7）将播放头移到2秒位置，展开"范围选择器1"，为"开始"参数记录关键帧 0%。

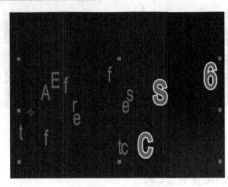

图 5.17　随机效果

（8）将播放头移到 3 秒位置，修改"开始"参数记录关键帧 100%。

（9）随机效果制作完毕，预览效果。

5.4　创建路径文本动画

　　After Effects 提供了在不使用特效的情况下直接创建路径文本动画的功能。在内置特效中也有类似的动画功能——路径文本。但是这里的路径的遮罩是使用钢笔工具绘制出来的，读者想绘制成什么形状都是可以的，而路径文本特效的路径类型只有曲线、圆形、环形、直线几种，所以这种方法是最灵活的创建文本路径的方法。下面用一个例子介绍路径文本动画的制作过程。

　　具体操作步骤如下。

　　（1）启动 After Effects，新建一个项目合成，并设置背景颜色为绿色。导入一段地球自转的视频素材，将该视频拖入合成窗口，建立视频图层。使用文本工具，在合成窗口中输入文本"After Effects"，系统自动建立文本层。此时文本层处于上面，合成效果如图 5.18 所示。

　　（2）使用钢笔工具在文本层绘制一条圆形的封闭路径，调整该路径，使它与地球的外层边缘吻合，如图 5.19 所示，路径的默认名称为"遮罩 1"。

图 5.18　图层位置

图 5.19　文本的路径

（3）为文本层附加路径。在"时间线"窗口中选择文本层，展开它的属性，找到"路径选择"，在"路径"下拉列表中选择"遮罩1"，系统自动为文本层添加了"路径选项"参数，设置该参数如图5.20所示。本实例的参数设置中，仅"反转路径"属性为"打开"，其余选项为默认设置。

图 5.20 "路径选项"设置

各项参数说明如下。

① 反转路径：该参数默认设置为"关闭"，此时文字位于路径的内侧；设置为"打开"，文字位于路径的外侧。在本实例中，该参数分别设置为"关闭"和"打开"时的效果对比如图5.21所示。

（a）关闭 （b）打开

图 5.21 反转路径效果对比

② 垂直到路径：该参数默认设置为"打开"，此时文字垂直于路径；设置为"关闭"时，文字保持原来的方向不变。在本实例中，该参数分别设置为"关闭"和"打开"时的效果对比如图5.22所示。

（a）关闭 （b）打开

图 5.22 垂直到路径效果对比

③ 平衡排列：该参数默认设置为"关闭"，此时文字按照原来的间距进行排列；设置为"打开"时，文字按照参考路径的长度进行均衡排列。在本实例中，该参数分别设置为"关闭"和"打开"时的效果对比如图 5.23 所示。

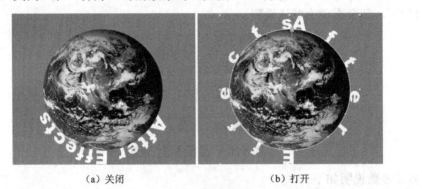

　　　　（a）关闭　　　　　　　　　　（b）打开

图 5.23　平衡排列效果对比

④ 开始留空：调整该参数可以调节文本在路径上的起始位置，默认值为 0。在本实例中，该参数设置为 0 和 200 时的效果对比如图 5.24 所示。

　　　　（a）0　　　　　　　　　　　（b）200

图 5.24　开始留空效果对比

⑤ 最后留空：调整该参数可以调节文本在路径上的结束位置，默认值为 0。在本实例中，该参数设置为 0 和 400 时的效果对比如图 5.25 所示。

　　　　（a）0　　　　　　　　　　　（b）400

图 5.25　最后留空效果对比

（4）选中文本层的"开始留空"单选按钮，分别在第0秒处和第1秒处插入关键帧，在第0秒处设置"开始留空"参数为默认值0.0，在第1秒处设置"开始留空"参数为3350.0。这样产生了一个文本沿路径转动两圈的动画效果，如图5.26所示。

至此，本实例制作完毕。当然，还可以设置"反转路径"、"垂直到路径"、"平滑排列"、"最后留空"属性的动画，从而产生复杂的动画效果。

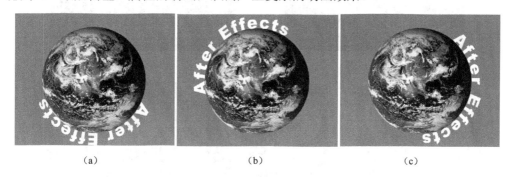

（a）　　　　　　　　　（b）　　　　　　　　　（c）

图5.26　路径动画效果

5.5　建立文字的轮廓线

After Effects 可以从文字创建轮廓线，如图5.27所示，其方法如下。

（1）创建文字图层。

（2）选择"图层"→"从文字创建轮廓线"命令，系统会自动产生一个固态层，并且将文字的轮廓以路径的形式记录下来。

图5.27　从文字创建轮廓线

建立文字的轮廓线是一个非常实用的功能，在转化的路径上可以应用特效，制作更加丰富的文本效果。

选中该轮廓层，添加"效果"→"生成"→"描边"特效可形成描边文字效果。

选中该轮廓层，添加"效果"→"生成"→"涂鸦"特效可形成涂鸦文字效果。

选中该轮廓层，为轮廓的形状添加关键帧，形成一系列形状的动画，如图 5.28 所示。

(a) 描边效果　　　　　　　　　　　　　　　(b) 涂鸦效果

　　　　　(c)　　　　　　　　　　　　(d)　　　　　　　　　　　　(e)

图 5.28　形状动画

5.6　使用内置文本特效

　　在 After Effects 中，系统内置了两个文本特效：基本文字和路径文字。选择"效果"→"旧版本插件"命令，打开它的下一级菜单，如图 5.29 所示。这些特效用于建立标题、多种样式的文本及数字等。其基本功能与文本层相似。

图 5.29　文本特效

5.6.1　路径文字

　　路径文字特效可以使文字按照设定的路径创建动画。路径可以是用户绘制的路径，也可以是一个遮罩。

　　在 After Effects 中建立一个合成，并为合成图像建立一个色彩为青蓝色的固态层。在"时间线"窗口中选中该固态层，选择"效果"→"旧版本插件"→"路径文字"命令，弹出"路径文字"对话框，如图 5.30 所示。

　　该对话框的设置与"基本文字"对话框相似，只是没有"方向"和"排列"选项。例如，输入"AAES 培训中心——Adobe 教育培训基地"，其他选项默认，单击"确定"

按钮。系统自动给图层添加了"路径文本"特效，特效设置参数如图 5.31 所示。

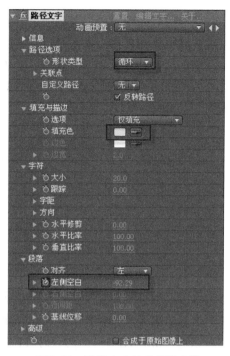

图 5.30　"路径文字"对话框

图 5.31　路径文字特效设置参数

当时间指示器在 0 秒时，激活"左侧空白"参数左边的关键帧记录器，设置值"494"，当时间指示器在 4 秒时，设置值"-730"。

预览动画效果如图 5.32 所示。

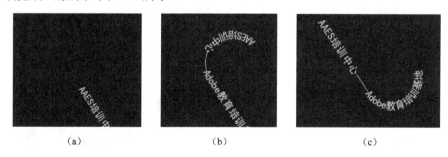

（a）　　　　　　　　　　（b）　　　　　　　　　　（c）

图 5.32　循环工作路径动画效果

关于其他循环类型，读者可自行尝试。

选择"效果"→"文字"命令还可打开另外两种文本类型，如图 5.33 所示。

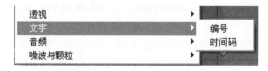

图 5.33　编号和时间码菜单

5.6.2 时间编码

时间编码俗称时间码，该特效用于素材层合成的计时，由于渲染的影片一般需要加入配音或三维动画等内容,给每一帧画面加入时间码会为其他内容的制作提供方便。

在 After Effects 中建立一个项目合成，导入视频文件并使用它建立一个图层。在"时间线"窗口中选中该固态层，选择"效果"→"文字"→"时间码"命令，弹出"时间编码"对话框，如图 5.34 所示。

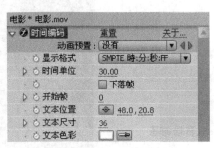

图 5.34 "时间编码"对话框

特效参数设置说明如下。

（1）显示格式：该参数用于选择时间码的显示格式，包括四个选项，如图 5.35 所示。默认为"SMPTE 时：分：秒：FF"，这是电视机常用的时间码格式；"帧号"设置仅显示帧所在的号码；"英尺+帧（35mm）"和"英尺+帧（16mm）"是电影常用的胶片编码格式。根据最后输出的用途选择合适的格式即可，该处选择默认。

（2）时间单位：该参数设置时间码的单位，应该与合成设置中的"帧速率"一致，如果合成设置中"帧速率"设置为 PAL 制式的 25 帧/秒，则此处设置为"25"。

（3）开始帧：设置初始帧的数值。默认情况下，时间码从 0 开始显示，可以在此处设置具体数值，使时间码从自定义的帧开始显示。

（4）文本位置：设置时间码的显示位置，默认情况下时间码位于画面的左上角，如图 5.36 所示。

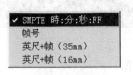

图 5.35 时间码格式

图 5.36 时间码位置

（5）文本尺寸：设置时间码的字号。

（6）文本色彩：设置时间码的显示颜色，默认为白色。

5.6.3 数字

数字特效可以产生随机或连续的数字效果。

在 After Effects 中建立一个项目合成，并为合成图像建立一个色彩为青蓝色的固态层。在"时间线"窗口中选中该固态层，选择"效果"→"文字"→"数字"命令，弹出"数字"对话框，如图 5.37 所示。单击"确定"按钮。系统自动给图层添加了"数字"特效，特效设置面板如图 5.38 所示。

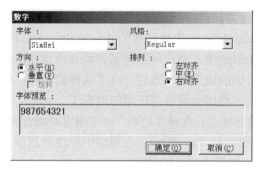

图 5.37 "数字"对话框

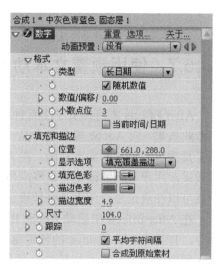

图 5.38 数字特效设置面板

特效参数设置说明如下。

（1）格式：该参数区设置数字文本的格式。"类型"设置使用的数字类型，包括 10 种类型，如图 5.39 所示。"编号"指定十进制数字。"编号[前导零]"指定的也是十进制数字，但是它的开始位是 0，保证数字位数为五位。"时基[30]"、"时基[25]"、"时基[24]"分别指定帧速率为 30fps、25fps、24fps 的 SMPTE 时间码显示。"时间"设定按小时/分钟的格式显示。"日期"以日期格式进行显示，如 2013-11-16。"长日期"和"短日期"设置另一种日期显示格式，如 2013 年 11 月 16 日。"十六进制"设置以十六进制数显示数字，如 0x00000000。"随机数值"复选框设定系统使用随机数值对数字进行动画。

图 5.39 数字类型

（2）数值/偏移：设置起始数值，默认情况下从 0 开始，设定该参数的数值自定义数值偏移量，使开始数值为用户自定义的数字。

（3）小数点位：设置小数点之后的位数。默认情况下"当前时间/日期"复选框没有选中，表示系统使用默认的日期和时间；选中它表示使用系统当前的日期和时间。

（4）填充和描边：该参数区决定文字以何种方式进行显示。这与"基本文字"的"填充和描边"的设置相同。

（5）尺寸：该参数设置数字字体的大小。

（6）跟踪：该参数控制数字字符间的间距。

（7）平均字符间隔：设置数字之间的间隔均匀。

（8）合成到原始素材：选中该复选框，表示数字在当前层上建立。

数字效果图如图 5.40 所示。

1918年3月1日 2022年4月24日

图 5.40　数字效果图

5.7　使用预置文本动画特效

After Effects 本身预置了上百种动画和行为预设,用来提高用户的工作效率并制作出专业效果。同 Adobe 等其他产品一样,After Effects 中也包含了 Adobe Bridge 工具,该工具提供了预置的文本动画。在 Adobe Bridge 里,用户可以预览到动画预设和模板的效果,用户看到的预览与最终应用到项目中的效果是一致的。有了这样的功能,用户就可以在决定是否使用某个预设或模板前方便地看到最终应用的效果了。

在 After Effects 中启动 Adobe Bridge 的方法是,选择"动画"→"浏览动画预置"命令,打开 Adobe Bridge 的预置窗口,如图 5.41(a)所示。在窗口中标注的范围为 Text 预置文件夹,双击打开 Text 预置窗口,如图 5.41(b)所示。

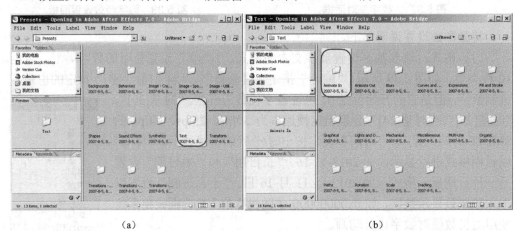

(a)　　　　　　　　　　　　　　　　　　(b)

图 5.41　预置窗口

系统提供了 16 类预置文本动画,每一类又包括多种动画,总计 297 种。这些预置动画是设计的典范作品,分析和学习它们的制作方法和技巧对提高用户水平是很有帮助的。

下面通过一个实例来讲解如何使用预置文本动画,其具体操作步骤如下。

(1)启动 After Effects,新建一个项目合成,并设置背景颜色为青蓝色。使用文本工具,在合成窗口中输入文本"After Effects",系统自动建立文本层,适当调整文本的属性,文本效果图如图 5.42 所示。

(2)在"时间线"窗口中选中文本层,选择"动画"→"浏览动画预置"命令,打开 Adobe Bridge 的"预置"窗口,双击打开 Text 预置窗口,在 Text 预置窗口双击

Animate In 文件夹图标，打开 Animate In 动画预置窗口，在该窗口中以缩略图的形式显示了所有动画的静止效果，选中某个动画，在左侧的预览窗口中会显示动画预览，如图 5.43 所示。

图 5.42　文本效果图

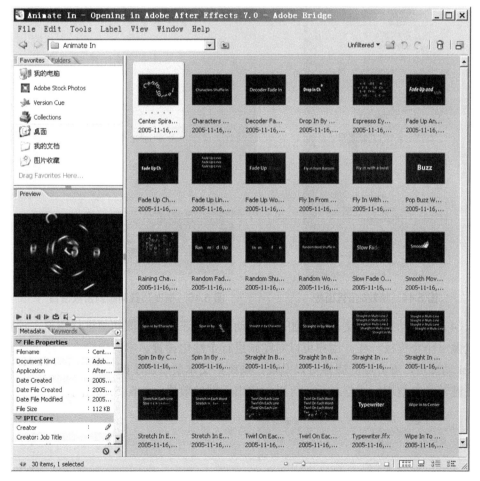

图 5.43　Animate In 预置动画

（3）将预置动画应用于文本层主要有以下三种方法。

方法 1：将图 5.43 所示窗口的第一个动画 Center Spiral 应用于在"时间线"窗口中选中的文本层，只需要在预置窗口中双击该动画即可，系统自动将该动画效果应用于所选中的文本层。

方法 2：在系统中打开"特效&预置"面板，展开"动画预置"，找到"文本"预置项，继续展开，可以看到 16 类预置文本动画文件夹，继续展开，找到需要的预置动画，如图 5.44 所示。然后用鼠标拖曳该预置动画到合成窗口中的文本上，文本四周会出现一个选定框，松开鼠标就将动画应用于该文本了，如图 5.45 所示。

图 5.44　特效&预置面板　　　　　　图 5.45　拖曳预置动画到合成窗口

（4）修改动画。为文本层添加了预置动画后，还可以对该动画进行调整，预置动画就像一个个模板一样，用户可以对动画进行个性化设置。本例中给文本添加 Center Spiral 动画后，展开层的属性可以发现，系统给文本层添加了两个动画：旋转和淡入。对关键帧和参数进行调整之后，可以制作出不同的效果，如图 5.46 所示。

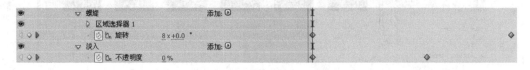

图 5.46　Center Spiral 动画属性

对动画调整完成之后，本动画制作完毕，预演效果如图 5.47 所示。

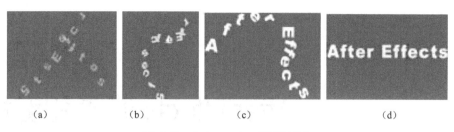

（a）　　　　　（b）　　　　　（c）　　　　　（d）

图 5.47　Animate In 动画效果图

思考与练习

　　在路径文字制作过程中，除了软件内置的路径类型以外，读者也可自己创建复杂路径进行路径文字动画，本实例的主要目的是让读者自行制作路径文字动画，效果如图 5.48 所示。

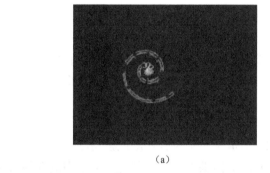

（a）

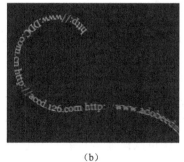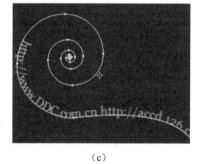

（b）　　　　　　　　　　　　　　（c）

图 5.48　效果图

第 *6* 章

After Effects 遮罩和键控

本章学习目标：

➢ 了解控制素材显示范围的方式；

➢ 遮罩的绘制及应用；

➢ 认识键控；

➢ 掌握键控设置的方法。

遮罩是用来描述透明度信息的工具，层的透明度信息存放在层的 Alpha 通道中，当层不具有 Alpha 通道时，可以使用遮罩、轨道蒙版层及键控组合来显示或隐藏层中的内容，为作品增添赏心悦目的视觉效果。

在学习遮罩之前，先了解一下有关透明度的信息。

（1）Alpha 通道。Alpha 通道是一个包含在层或素材项中定义透明区域的不可见通道。对于素材而言，Alpha 通道提供了一种在同一个文件中既存储素材信息又保存其透明信息的方式。

（2）Mask（遮罩）。Mask（遮罩）是一个封闭路径或轮廓图，用于修改层的 Alpha 通道。遮罩属于指定的层，每个层可以设置多个遮罩。多个遮罩之间既相互独立，又可以组合，可灵活地设置动画。

（3）Track Matte（轨道蒙版层）。轨道蒙版层是一个层，定义了该层或其他层的透明区域，当有一个层或通道比 Alpha 通道更好地定义了透明区域，或者该素材不包含 Alpha 通道时，可以使用轨道蒙版层。After Effects 可以设置层的属性并创建层的动画，这样可以制作出复杂的透明效果。

（4）Keying（键控）。通过图像中的特定色彩或亮度值来定义透明区域。可以用于清除统一颜色的背景，在影视制作中，常用的"抠像"即使用蓝屏或绿屏抠像。

在合成的过程中，透明的质量在很大程度上取决于源素材的质量，因此，进行透明合成时应尽可能选择质量好的源素材。

下面详细介绍如何创建遮罩和键控。

6.1 创建遮罩

在 After Effects 中，可以通过工具面板中的工具或菜单命令创建遮罩，也可以将 Photoshop 或 Illustrator 的路径直接导入。

6.1.1 使用工具面板中的工具创建遮罩

可以使用 After Effects 工具栏中的长方形工具、椭圆形工具和钢笔工具在层窗口中绘制遮罩，如图 6.1 所示。利用这三种工具可以绘制三种类型的遮罩。

（1）长方形遮罩：利用长方形遮罩工具可以在层上创建一个长方形或正方形的遮罩。

（2）椭圆形遮罩：利用椭圆形工具在层上可以创建一个椭圆形或圆形的遮罩。

（3）贝塞尔曲线遮罩：使用钢笔工具可以绘制任意形状的遮罩，在钢笔工具中可以选择添加顶点、删除顶点和顶点调整工具来调整遮罩的形状，这种遮罩是最灵活的。

图 6.1 创建遮罩工具

使用钢笔工具建立遮罩的操作步骤如下。

（1）在工具栏中选择钢笔工具。

（2）在层窗口中显示目标层，或者在"时间线"窗口中选定目标层，然后在合成窗口中使该目标层可见。

（3）找到目标层的遮罩起始位置，单击鼠标左键，每次单击一下，便产生一个控制点，移动鼠标指针到第二个控制点的位置，单击鼠标左键产生第二个控制点，它与上一个控制点以直线相连。

（4）按照上面的操作绘制线段，通过单击第一个控制点或双击最后一个控制点来封闭路径。

用钢笔工具创建贝塞尔曲线遮罩的效果如图 6.2 所示。

图 6.2 路径遮罩

6.1.2　使用第三方软件创建路径

After Effects 能够较好地兼容第三方软件创建的路径。由于很多第三方软件的路径功能非常丰富，所以可以将在其中创建的路径粘贴到 After Effects 中使用。常用的软件包括 Adobe 的 Photoshop 和 Illustrator 软件，这两种软件与 After Effects 的兼容性都很好，这得益于 Adobe 产品的整合越来越紧密。

例如，将 Photoshop 创建的路径导入 After Effects 中的操作如下。

（1）启动 After Effects 和 Photoshop。在 After Effects 中使用背景素材新建合成，在 Photoshop 中创建 12 边形路径，如图 6.3 所示。

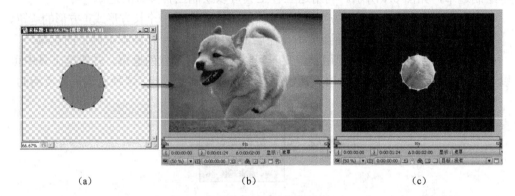

（a）　　　　　　　　　　（b）　　　　　　　　　　（c）

图 6.3　从 Photoshop 中导入路径

（2）在 Photoshop 中选中路径，选择"编辑"→"复制"命令，切换到 After Effects，显示出目标层，选择"编辑"→"粘贴"命令，则路径遮罩立即作用于该层。

6.2　编辑遮罩

6.2.1　编辑遮罩形状

对于复杂的遮罩，可以先创建一个简单的遮罩，通过增加和调整遮罩路径上的控制点、修改遮罩的曲线形式，最终形成复杂的遮罩。

修改遮罩时，首先需要选择遮罩和控制点，在层上选择控制点的方法如下。

（1）选择控制点：在工具栏上单击"选择"工具，在层窗口单击选择遮罩上的单个控制点即选择了一个控制点。如图 6.4 所示，被选择的点以实心表示，而未被选择的点以空心表示。

（2）选择整个遮罩：在层窗口中，按住 Alt 键并单击遮罩，即选择了整个遮罩。

（3）圈选部分或全部控制点：在层窗口中，用"选择"工具框选部分控制点或全部控制点即可，如图 6.5 所示。

图 6.4　选择单个控制点

图 6.5　选择多个控制点

6.2.2　设置遮罩的属性

对 After Effects 的每个图层都可以创建多个遮罩。在"时间线"窗口中可以设置遮罩的相关属性，如图 6.6 所示。

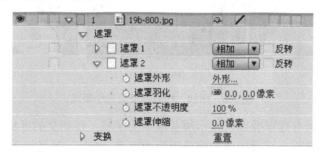

图 6.6　在"时间线"窗口中设置遮罩属性

可以设置遮罩间的相互作用，可以通过遮罩路径上独立的控制点来控制遮罩的形状、遮罩的羽化及遮罩的透明度。下面详细说明如何设置遮罩的属性。

1. 遮罩的组合模式

创建一个遮罩后，可以使用各种方法来产生其他遮罩。After Effects 中为遮罩提供了遮罩之间的相互作用。如图 6.7 所示，单击图中的"相加"按钮，会打开遮罩组合模式菜单，根据需要选择不同的组合模式。

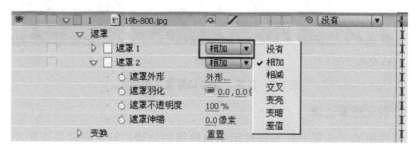

图 6.7　设置遮罩的组合模式

遮罩的组合模式包括：没有、相加、相减、交叉、变亮、变暗、差值，共7种模式，默认情况下设置为相加模式，指定层中所有遮罩的全部范围。根据需要可对每个遮罩进行设置，由此可以产生复杂的遮罩形状。同时需要注意，在"时间线"窗口中，遮罩位置排列靠上的将影响其下面的遮罩。最好将顶部的遮罩设置为相加模式，再调整其下面的遮罩模式。

（1）没有：当前的遮罩不存在，对该层无影响。

（2）相加：在合成窗口中显示所有遮罩内容，遮罩相交部分不透明度相加，如图6.8（a）所示。

（3）相减：从上面遮罩的范围中减去下面遮罩的范围，和相加模式相反，如图6.8（b）所示。

（4）相交：所有遮罩相交部分保留，相交以外的遮罩部分透明，如图6.8（c）所示。

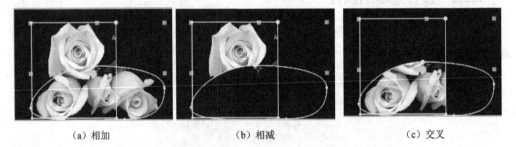

（a）相加　　　　　　　　（b）相减　　　　　　　　（c）交叉

图6.8　相加、相减和交叉三个模式

（5）变亮：所有遮罩叠加，显示所有遮罩的区域，在相交的区域中使用当前遮罩的不透明度。设置两个遮罩的透明度分别为50%和100%，效果如图6.9（a）所示。

（6）变暗：与变亮相反，在相交的区域中使用当前遮罩的不透明度。设置两个遮罩的透明度分别为50%和100%，效果如图6.9（b）所示。

（7）差值：所有遮罩叠加，减去相交部分。设置两个遮罩的透明度分别为50%和100%，效果如图6.9（c）所示。

（a）变亮　　　　　　　　（b）变暗　　　　　　　　（c）差值

图6.9　变亮、变暗和差值三个模式

▶2. 羽化遮罩边缘

遮罩属性里的"遮罩羽化"属性用于对遮罩的边缘进行水平和垂直的羽化，羽化范围依据遮罩的路径，一半像素在边缘内侧，另一半像素在边缘的外侧。

3. 反转遮罩

反转遮罩的作用是将指定的遮罩范围进行反转，即显示遮罩外部的内容。

4. 设置遮罩不透明度

遮罩不透明度是用于控制遮罩内图像的不透明度，取值范围为 0～100%，默认值为 100%，表示完全不透明，取值为 0 表示遮罩完全透明。

5. 设置遮罩伸缩

遮罩伸缩的作用是设置遮罩的范围，如果数值设置为正值，以遮罩路径线为界，向外延伸；如果将值设置为负值，以遮罩路径线为界，向内延伸。

6.3 综合实例 1：遮罩变形动画

After Effects 根据遮罩的控制点和曲线形状，自动记录每个控制点在合成图像中所处的位置，利用添加关键帧加以记录，在不同的时间和位置产生变形动画。对遮罩形状的变形动画，实际上就是对遮罩控制点的位置动画。

在本例中将要建立一个火中诞生的隐形人。

实例操作步骤如下。

（1）启动 After Effects，打开其工作界面。

（2）在"项目"窗口中导入素材。在"项目"窗口中双击鼠标，会弹出"导入文件"对话框。将"火焰背景"和"火焰前景"导入到项目中。

（3）在"项目"窗口中选中"火焰背景"，按住鼠标左键将其拖动到新建合成按钮 上新建合成，如图 6.10 所示。重命名合成的名字为"遮罩动画一"。

图 6.10　新建合成

（4）双击"遮罩动画一"合成图标 ，打开"时间线"窗口。

（5）在"项目"窗口中选中素材"火焰前景"，将其拖曳到"时间线"窗口中。该层将作为影片前景。

（6）在"时间线"窗口中双击"火焰前景层"，打开层窗口。

（7）选中钢笔工具 ，在层窗口中绘制闭合遮罩，如图 6.11 所示。

（8）在"时间线"窗口中将播放头移动至 12 帧位置。

（9）选中"火焰前景层"，按键盘上的 M 键，打开遮罩属性折叠栏。

（10）激活遮罩形状属性的秒表 ，在 13 帧添加一个关键帧。

（11）将播放头移动至 0 秒位置。

（12）在层窗口中选中遮罩，双击遮罩，打开遮罩自由调整框，或者按 Ctrl+T 组合键也可以打开调整框。

（13）按住 Shift 键，拖曳调整框句柄的对角线，将遮罩缩小，系统会自动在该位置添加一个关键帧，遮罩大小如图 6.12 所示。

（14）在层窗口右下角的"目标"下拉菜单中选中遮罩，如图 6.13 所示。

图 6.11　建立遮罩　　　　　图 6.12　遮罩变换　　　　　图 6.13　目标遮罩

（15）在"时间线"窗口中将播放头移动至 3 秒位置。

（16）在层窗口中绘制一个人形遮罩，系统会自动在该位置为遮罩形状属性添加一关键帧。

注意：对于比较复杂的路径，读者可以使用 Photoshop 或 Illustrator 等第三方软件，绘制复杂的遮罩形状，并将其复制粘贴到 After Effects 中。

（17）层窗口右下角目标遮罩下拉菜单中由"无"选项变为"遮罩"。注意：在这个实例中，该步骤是关键。

切记：只有指定当前遮罩后，才会覆盖旧遮罩，否则每次新绘遮罩都将变为一个新的遮罩。

（18）在"时间线"窗口中将播放头移动至 4 秒 20 帧位置。

（19）在层窗口中，选中胳膊的某些控制点，利用 Ctrl+T 组合键对遮罩进行变换修改，如图 6.14 所示。

（20）在"时间线"窗口中将播放头移动至 6 秒 14 帧的位置。

（21）在层窗口中对遮罩控制点进行进一步编辑修改，此过程需要多添加几个关键帧，从而产生变形动画，效果如图 6.15 所示。

（22）在"时间线"窗口中将时间指示器拖曳至 0 秒位置。

（23）为遮罩设置羽化值，在"时间线"窗口中选中遮罩，按 F 键打开遮罩羽化设置界面。

（24）调整遮罩羽化值，将遮罩水平、垂直羽化设为 5 像素。

（25）预览效果，动画基本完成。

（26）动画效果如图 6.16 所示。

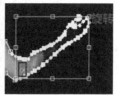

图 6.14　人形遮罩编辑　　　　　　　　　图 6.15　进一步变形

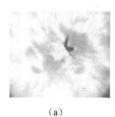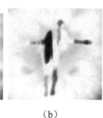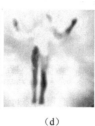

（a）　　　　　　（b）　　　　　　（c）　　　　　　（d）　　　　　　（e）

图 6.16　遮罩变形动画效果

（27）为了让动画变形更加流畅、圆滑，可以为遮罩关键帧添加自动插值运算。选择层"火焰前景"，按 M 键，展开遮罩形状属性。选择遮罩形状属性，选择"窗口"→"智能遮罩插值"命令，弹出如图 6.17 所示的对话框。

（28）智能遮罩插值工具是一个自动遮罩插值运算工具。它可以根据为遮罩设置的关键帧自动计算并插入新的关键帧，以产生更加平滑的变形效果。单击"应用"按钮，为遮罩变形插入更多的关键帧，遮罩上也产生了更多的控制点。

（29）动画设置完成，渲染输出。

6.4　综合实例 2：隐形人

上一实例讲了通过路径的变形动画来制作火中重生的效果，在此同样要做一个类似的效果隐形人。主要使用特效"置换映射"实现，可呈现非常完美的效果。

操作步骤如下。

（1）启动 After Effects，打开其工作界面。

（2）在"项目"窗口中导入素材。在"项目"窗口中双击鼠标，弹出"导入文件"对话框，将"man.wmv"、"sunset.tga"导入到项目中。

（3）拖动"man.wmv"到新建合成按钮上，新建一个与之相对应的合成。

（4）选中图层"man.wmv"，执行蓝屏抠像，在此选择"色彩范围"抠像方式。选择菜单"效果"→"键控"→"色彩范围"命令，打开特效控制面板，将色彩空间设置为"RGB"模式，先用吸管工具吸取键控色，然后配合分别进行抠取，具体设置及效果如图 6.18 所示。

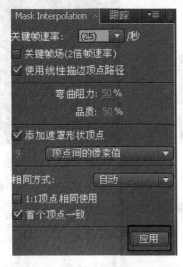
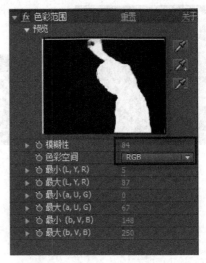

图 6.17　智能遮罩插值对话框　　　图 6.18　"色彩范围"对话框

（5）这时发现人物的边缘还残留部分蓝色未能抠取干净。在此选择"效果"→"键控"→"溢出抑制"命令，可完美地去除边缘的蓝色，参数设置如图 6.19 所示。

图 6.19　"溢出抑制"对话框

（6）选择该图层的"预合成"命令，将前面所施加的特效合为一体。选择"图层"→"预合成"命令，移动全部属性到新建合成中。

（7）将素材"sunset.tga"移动到时间线中，并且在图层的最上方，如图 6.20 所示。

图 6.20　图层的摆放位置

（8）选中"sunset.tga"图层，选择"效果"→"扭曲"→"置换映射"命令，设置参数如图 6.21 所示。动态的隐形人效果已经实现。

图 6.21　"置换映射"对话框

（9）保存项目。

6.5　键控

在影视后期合成中，经常需要将一些不同的对象叠加到一个场景中，可以使用 Alpha 通道或使用遮罩。但对于非常复杂的动态素材，创建遮罩效果就显得力不从心了。在合成中利用素材中的亮度或颜色信息使素材的部分区域透明，这就是目前影视后期制作中广泛应用的键控技术。所谓的键控，就是在蓝色或绿色背景前进行前期拍摄，演员在绿色或蓝色构成的背景前表演，但这些背景在最终的影片中是看不到的，这就是键控技术，用其他背景画面替换了蓝色或绿色，这就是通常所说的"抠像"。

键控并不是只能用蓝色或绿色背景颜色，只要是单一的、比较纯的颜色就可以，之所以选择蓝色或绿色，是由于蓝色和绿色与人的皮肤的颜色反差比较大，这样键控比较容易实现。蓝屏抠像合成效果如图 6-22 所示。

图 6-22　蓝屏抠像合成效果

6.5.1　抠像应注意的问题

其实影响抠像的好坏最重要的因素不是工具，也不是抠像技巧，而是素材的质量。合理的布光、高画质的素材是保证抠像效果的前提。因此在前期拍摄素材时应注重布光，使素材达到最好的素材还原，最常用的有色背景一般选择蓝屏或绿屏。标准的纯蓝色为 PANTONE2635，标准的纯绿色为 PANTON354。

将素材进行数字化采集时，最好采用无损压缩，以保证素材的高精度。

抠像效果的实现，离不开功能强大的抠像工具。After Effects 提供了优质的抠像技术，如从 After Effects CS4 版本开始将 Key light 抠像插件内置在软件中，可以非常方便地剔除片段中的背景，包括透明、半透明、阴影、毛发等对象，将效果完美地呈现。

另外，如果遇到灯光或背景有复杂的变化，要想抠取前景物体的话，可以选用遮罩工具配合关键帧，进行单帧抠取，逐帧进行，这是一个复杂、烦琐的工作，为了避免这种素材的出现，中期准备素材时一定要为后期合成做好准备。

6.5.2 差异蒙版

▶1. 差异蒙版属性设置

差异蒙版键通过比较两层画面，键出相应的位置中颜色相同的像素。最典型的应用是在静态背景、固定摄像机、固定镜头和曝光的情况下，只需要一帧背景素材，然后让对象在场景中移动，将静止的场景作为对比层，然后利用差异蒙版可以准确地键出背景，其属性设置如图 6.23 所示。

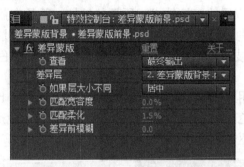

图 6.23　差异蒙版键属性设置

参数说明如下。

（1）查看：指定在合成窗口中显示的图像视图。默认为"最终输出"，即最后合成的效果，还有"仅来源"和"仅蒙版"选项，分别显示进行差异蒙版特效的目标层和进行特效控制的蒙版层。

（2）差异层：指定用于进行键控的对比层，即用于键控比较的静止背景。该处的选项随合成包含的图层的不同而变换。

（3）如果层大小不同：当对比层尺寸与目标层不同时，对其进行相应的处理。可以选择"居中"，使其居中显示；或者选择"自动缩放"，伸缩对比层，使两层尺寸一致，不过有可能导致对比层对象变形。默认为"居中"。

（4）匹配宽容度：用于指定容差匹配范围。控制透明颜色的容差度，该数值比较两层间的颜色匹配程度。较低的数值产生的透明较少，较高的值产生的透明较多。

（5）匹配柔化：用于指定匹配的柔和程度。

（6）差异前模糊：用于在目标层和对比层进行对比前模糊两层的比较像素，从而清除合成图像中的杂点，而并不会使图像模糊。

▶2. 差异蒙版实例

具体操作步骤如下。

（1）新建一个项目，导入目标层素材和对比层素材（导入之前使两素材的背景尺寸完全一致，这样才能得到好的对比效果），再导入背景层素材，如图 6.24 所示。

（2）将三个素材导入同一个合成图像中，并使背景层在最下面。在"时间线"窗口中选择目标层，选择"效果"→"键控"→"差异蒙版"命令，这样就给目标层添加了"差异蒙版"特效，弹出特效属性设置对话框，如图 6.23 所示。在"差异层"中选择"差异蒙版背景.psd"；在"匹配柔化"中设置柔和程度为 1.5%；其他设置默认，如图 6.23 所示。

（a）目标层素材 　　　　　（b）对比层素材 　　　　　（c）背景层素材

图 6.24　素材

（3）观察合成窗口，此时效果还没有发生变化，实际上目标层和对比层的相应位置中颜色相同的像素已经被键出，只是对比层仍然显示，故看起来好像没有变化。在"时间线"窗口中单击对比图层前的显示/隐藏按钮，隐藏对比层，差异蒙版的最终效果立即显现，如图 6.25 所示。

图 6.25　差异蒙版效果图

6.5.3　亮度键

▶ 1. 亮度键属性设置

亮度键特效键出与指定亮度相近的区域并使其透明。该特效对于明暗反差比较大的图像非常有效，其属性设置如图 6.26 所示。

参数说明如下。

（1）键类型：指定亮度键类型。选项包括暗部抠出、亮部抠出、抠出相似区域、抠出非相似区域 4 种。

图 6.26　亮度键属性设置

（2）阈值：用于指定亮度的阈值。

（3）宽容度：用于控制容差范围。值越小，亮度范围越小。

（4）边缘变薄：用于调整键控边缘，正值扩大屏蔽范围，负值缩小屏蔽范围。

（5）边缘羽化：用于羽化键控边缘。值越大，羽化度越大。

2．亮度键实例

具体操作步骤如下。

（1）新建一个项目，导入目标层素材和背景层素材，如图 6.27 所示。

（a）目标层素材　　　　　　　　　　　　（b）背景层素材

图 6.27　素材

（2）将两个素材导入同一个合成图像中，并使目标层在上。在"时间线"窗口中选择目标层，选择"效果"→"键控"→"亮度键"命令，这样就给目标层添加了"亮度键"特效，弹出特效属性设置对话框。

这里利用目标层中铁塔等地面物体比天空背景暗得多的特点，设置"键类型"为"亮部抠出"；调节"阈值"的数值为"137"；其他设置默认，效果如图 6.28 所示。

这样，背景中亮度大的部分全部被键出，成为透明区域，显示出了背景色。为了改进效果，可以设置其他属性值，如为了让边缘看起来过渡更自然，可以增大"边缘羽化"的值。

同样，可以把目标层中较暗的部分键出，成为透明区域。设置"键类型"为"暗部抠出"，其他设置不变，效果如图 6.29 所示。

图 6.28　亮度键效果 1

图 6.29　亮度键效果 2

6.5.4　内部/外部键

▶1. 内部/外部键属性设置

内部/外部键特效是 After Effects 中非常高级的特效，使用它可以得到很好的键控效果。尤其适合于发丝和细小轮廓的键控，典型的应用是处理演员的发丝。该特效一般需要借助多个遮罩来实现，其属性设置如图 6.30 所示。

图 6.30　内部/外部键属性设置

参数说明如下。

（1）前景（内侧）：在下拉列表中指定前景遮罩，即内边缘遮罩。

（2）添加前景：该下拉列表中可以指定更多的前景遮罩，系统最多可以添加 10个前景遮罩，用于更为复杂的对象的控制。

（3）背景（外侧）：在下拉列表中指定背景遮罩，即外边缘遮罩。

（4）添加背景：该下拉列表中可以指定更多的背景遮罩，系统最多可以添加 10个背景遮罩。

（5）单个遮罩高光：当图层只有一个遮罩时，该选项激活，通过调整数值可沿这个遮罩进行扩展比较，默认数值为 5。

（6）清除前景：该属性中可以指定一个遮罩路径，并沿着这个遮罩清除前景色，显示背景色。在"路径"下拉列表中指定要清除前景色的遮罩路径。"笔刷半径"指定笔刷大小。"笔刷压力量"指定笔刷压力的大小。

（7）清除背景：该属性与"清除前景"相反，可以指定一个遮罩路径，并沿着这个遮罩清除背景色。

（8）边缘变薄：用于调整键出区域的边界。

（9）边缘羽化：用于调整键出边界的羽化程度。

（10）边缘阈值：用于调整键出边缘的阈值。

（11）反转提取：用于反转键出区域。

（12）与原始图像混合：用于控制效果图与源图像的融合度。

2. 内部/外部键实例

具体操作步骤如下。

（1）新建一个项目，导入目标层素材和背景层素材，如图 6.31 所示。

（a）目标层素材　　　　　　　　　　（b）背景层素材

图 6.31　素材

（2）将两个素材导入同一个合成图像中，并使目标层在上。在"时间线"窗口中双击目标层，在打开的层窗口中，用钢笔工具沿人物的内部边缘绘制一个封闭的遮罩，如图 6.32（a）所示，默认名称为"遮罩 1"；然后，沿人物的外部边缘绘制另一个封闭遮罩，如图 6.32（b）所示，默认名称为"遮罩 2"，并设置两个遮罩的模式为"没有"。

（3）在"时间线"窗口中选择目标层，选择"效果"→"键控"→"内部/外部键"命令，这样就给目标层添加了"内部/外部键"特效，弹出特效属性设置对话框。

在"前景（内侧）"下拉列表中选择"遮罩 1"；在"背景（外侧）"下拉列表中选择"遮罩 2"，这时系统会根据内外边缘像素差别进行键出，效果如图 6.33 所示。

从效果图中可以看出，使用这种键控效果，人物发丝的效果也较好地表现了出来。

如果感觉键出效果不够理想，可以调整两个遮罩的形状，还可以继续添加遮罩来完善键控效果。

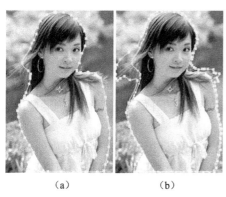

图 6.32　手绘遮罩

图 6.33　内部/外部键效果图

　　当需要键出的图像区域没有完全键出时，可以再创建该图像区域的遮罩，然后在"添加前景"下拉列表中选择刚刚建立的遮罩，这样系统把该区域的内容也键出了。

　　当需要保留的图像区域被键出后，可以创建该图像区域的遮罩，然后在"添加背景"下拉列表中选择刚刚建立的遮罩，这样系统会把该区域的内容保留。

　　按照这种方法还可以添加更多的遮罩路径，来对比较复杂的对象进行键出操作。

6.5.5　色范围

1. 色范围属性设置

　　色范围键控键出指定的颜色范围并使图像产生一个透明区域，可以应用的色彩空间包括 Lab、YUV 和 RGB。这种键控方式常在背景包含多个颜色、背景亮度不均匀和包含相同颜色的阴影（如玻璃、烟雾等）时使用，其属性设置如图 6.34 所示。

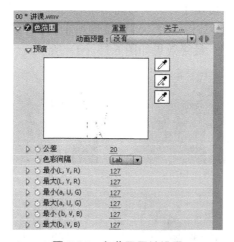

图 6.34　色范围属性设置

　　参数说明如下。

　　（1）预演：左侧图像窗口显示调整的键控情况。右侧有三个吸管工具，🖊为透明吸管工具，用于从素材视图中选择键控色；🖊为加色吸管工具，用于增加键控色的颜色范围；⚟为减色吸管工具，用于减少键控色的颜色范围。

（2）公差：用于调整透明区域和不透明区域之间的柔化度。

（3）色彩间隔：用于指定颜色空间格式，包括 Lab、YUV 和 RGB。

（4）最小/最大：用于精确调整颜色空间参数。（L，Y，R）、（a，U，G）和（b，V，B）代表颜色空间的三个分量。最小参数对颜色范围的开始部分进行精确调整；最大参数对颜色的结束范围进行精确调整。

操作时首先选择透明吸管工具⚟，在合成图像或蒙版中选择要键出的颜色，系统会键出该颜色范围内的颜色。如果没有完全键出所需要键出的颜色范围，可以选择加色吸管工具⚟继续增加键出色；如果键出色超出了颜色范围，可以选择减色吸管工具⚟减少键出色。

▶2. 色范围实例

在本实例中，仍然使用与"色彩键"相同的素材，进而比较一下两种键控效果，其操作步骤如下。

（1）新建一个项目，导入目标层素材和背景层素材。将两个素材导入同一个合成图像中，并使目标层在上。在"时间线"窗口中选择目标层，选择"特效"→"键控"→"色范围"命令，这样就给目标层添加了"色范围"特效，弹出特效属性设置对话框。

（2）在"色彩间隔"中选择 Lab 格式，使用透明吸管工具⚟，在目标层上选择背景底色，在图 6.35（a）所示的圆圈处单击，效果如图 6.35（b）所示，由于背景色不均匀，所以与键出色相似的像素被键出。选择加色吸管工具⚟，在图 6.35（b）的圆圈处单击，与该处键出色相似的像素被键出，效果如图 6.35（c）所示。这时，从总体上看，背景的绝大部分被键出了，只有顶部和底部还有两处背景仍然存在，使用加色吸管工具分别单击这两处，如图 6.35（c）的圆圈所示。这样经过重复执行色范围特效，就将素材的背景色抠除了。最终效果如图 6.35（d）所示。

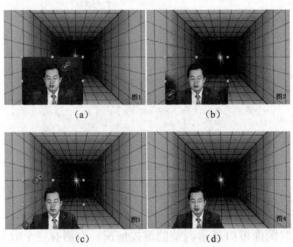

（a）　　　　　　　　　（b）

（c）　　　　　　　　　（d）

图 6.35　色范围操作及效果图

操作至此，色范围属性设置如图 6.36 所示，还可以微调各参数的值，进行精细的效果调整。

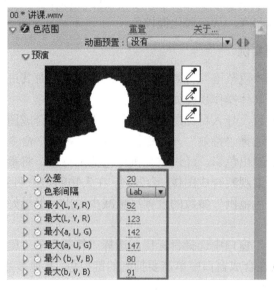

图 6.36　色范围属性设置

本实例使用了与"色彩键"和"色差键"实例相同的视频素材，通过比较最终键出效果，可以发现"色范围"和"色差键"的键出效果较好，而且"色范围"特效的操作简单方便。

如果素材的背景是相近的颜色，"色范围"特效是抠除背景的较好选择。

6.5.6　溢出抑制

▶1．溢出抑制属性设置

当拍摄的人物距离蓝、绿色背景过近时，人物边缘通常有蓝、绿色背景反射的颜色，整体色调也偏蓝，称为溢出色。对于溢出的键控色，After Effects 专门提供了"溢出抑制"特效，去除键控后的图像中残留的键控色痕迹，其属性设置如图 6.37 所示。

图 6.37　溢出抑制属性设置

参数说明如下。

（1）抑制色彩：用于指定键出颜色。可以通过吸管工具吸取颜色或通过调色板选择颜色。

（2）色彩精度：用于算法的选择，可以选择"快速"（主要针对红绿蓝色）和"高质"。

（3）不透明度：用于指定抑制程度。

如果使用溢出抑制属性设置还不能得到满意的结果，可以通过效果中的"色相/饱和度"效果降低饱和度，从而弱化键控色。

▶2. 溢出抑制实例

在本实例中，在"色范围"特效应用实例的基础上，对其进行修改，进行"溢出抑制"特效的操作，具体操作步骤如下。

（1）新建一个项目，导入目标层素材，并将素材导入合成图像中。在"时间线"窗口中选择目标层，选择"特效"→"键控"→"色范围"命令。使用透明吸管工具和加色吸管工具添加键出色彩，经过重复执行色范围特效，将素材的背景色键出，效果如图 6.38 所示。仔细观察合成图像，会发现，在人物的边缘明显存在蓝色溢出现象。当然可以通过调整"色范围"参数的设置尽量减少溢出，但最好的办法是使用溢出抑制特效。

（2）在"时间线"窗口中选择目标层，选择"特效"→"键控"→"溢出抑制"命令。使用吸管工具在合成窗口中单击要抑制的键控色。其他参数默认，效果如图 6.39 所示，从图中可以看出，人物边缘的溢出蓝色消失了，溢出抑制特效起到了良好的效果。

图 6.38　色范围键控效果图一　　　　　　图 6.39　色范围键控效果图二

为了更有效地保证图像质量，在前期拍摄时应尽量注意防止键控色溢出：一方面应尽量拉开背景和前景的距离，可以减小背景反射的影响；另一方面，打灯光时应适当利用黄色、橙色灯光来中和蓝色反光。

▽ 6.6　综合实例：空中漫步

6.6.1　设计思路

本实例中通过抠像将实现一个魔法师上天下海的特技效果，主要使用了两种抠像技术："颜色差异键"和"溢出抑制"。使读者学会抠像方法中多种特效的配合使用。

6.6.2 操作步骤

（1）启动 After Effects 工作界面。

（2）双击"项目"窗口，导入素材"clound.avi"和"girl[0001-0110].tga"，其中导入"girl[0001-0110].tga"以序列图片的形式导入。

（3）将"girl[0001-0110].tga"序列拖曳到新建合成按钮上，新建一个参数与之相同的合成。

（4）双击"项目"窗口中的按钮打开合成，在"时间线"窗口中可看到该图层，将"clound.avi"拖曳到"时间线"窗口中，置于图层的下方，如图 6.40 所示。

图 6.40 "时间线"窗口中图层的摆放

（5）选中"girl[0001-0110].tga"，选择"效果"→"键控"→"颜色差异键"命令，打开特效控制台面板设置其参数，如图 6.41 所示。

这是一个披着斗篷的蓝屏魔法师，在抠像时最容易将斗篷抠碎，所以在调整参数时尤其要注意。

抠像结束时的效果如图 6.42 所示。可以看到魔法师的边缘还带有一些蓝色边缘，没有抠取干净。

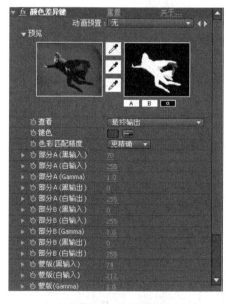

图 6.41 参数设置

图 6.42 抠像效果

（6）选择"效果"→"键控"→"溢出抑制"命令，采用默认参数，即可看到边缘的蓝色去掉了，基本达到了所需要的效果。

（7）为了制作一种在云里的效果，还要对其做一些简单的遮罩处理。复制"clound.avi"图层并放到"时间线"窗口的最上层。

（8）双击"clound.avi"图层，打开层窗口，利用路径工具绘制遮罩形状，如图 6.43 所示。设置遮罩的羽化值为 15 像素。

（9）设置遮罩动画。当播放头在 0 秒时，打开"遮罩"属性框，在"遮罩形状"前单击图标 激活关键帧属性，添加关键帧；当播放头在 2 秒时，调整遮罩的形状变为如图 6.44 所示的效果。

（10）当播放头在 5 秒时，调整遮罩的形状变为如图 6.45 所示的效果，这样魔法师腿及脚的部位在云层里了。

 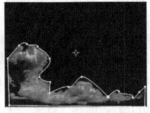 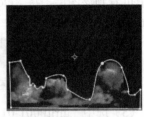

图 6.43　遮罩形状　　　图 6.44　遮罩的形状一　　　图 6.45　遮罩的形状二

（11）预览动画，观察效果，如图 6.46 所示。

（a）　　　　　　　　　　　　　　（b）

图 6.46　观察效果

（12）利用同样的方法制作水中漫步的效果，制作方法在此不再赘述。从而实现魔法师一会儿上天、一会儿入海的效果，如图 6.47 所示。

（a）　　　　　　　　　　　　　　（b）

图 6.47　入海的效果

（13）将两个合成连接在一起，即可实现效果。

（14）渲染输出。

通过该实例，让读者深刻体会了抠像技术的应用技巧和神妙所在，重点掌握抠像特效的配合使用。

6.7 抠像实例——Keylight 抠像

对于一些比较复杂的场景，如毛发、玻璃的反射、半透明物体等，利用前面学习的各种键控方式，可能无法达到理想的结果。After Effects 从 CS4 版本开始集成了强大的 Keylight（1.2）特效，大大增强了它的抠像能力。

下面通过一个实例来学习如何使用 Keylight 对复杂场景抠像。

操作步骤如下。

（1）导入素材"驾驶员.tif"和"马路.tif"到"项目"窗口，以这两个素材建立合成。"驾驶员.tif"位于图层上方。

（2）选中"驾驶员.tif"，选择"效果"→"键控"→"Keylight（1.2）"命令，弹出特效控制对话框，如图 6.48 所示。

图 6.48 "Keylight1.2"特效控制对话框

（3）在"屏幕色"栏选择滴管工具，在合成窗口的蓝色部分单击，吸取键去颜色。在"查看"下拉列表中选择"合成蒙版"。以蒙版方式显示图像，便于浏览抠像的细节处理。在抠去蓝色以后形成的 Alpha 通道中，黑色表示透明，白色表示不透明，灰色则表示不同程度的半透明，如图 6.49 所示。

（4）调整"屏幕增益"参数。该参数控制抠像时有多少颜色被移除产生蒙版。数值越大，透明的区域就越多。"屏幕调和"则控制色调的均衡。调整"偏差"，使不透明区域和透明区域的对比加强。在"查看"下拉列表中选择"最终效果"，对比蒙版和最终效果，调整到满意为止。注意保持车窗上的反射效果不变透明。"偏差"参数可对图像的细节部分进行调整。调整时，应该放大图像进行观察。

图 6.49   Alpha 通道效果

（5）展开"屏幕蒙版"对蒙版进行调整。在"修剪黑色"和"修剪白色"中，分别控制图像的透明部分和不透明部分。参数为 0 时表示完全透明，参数为 100 时则表示完全不透明。通过调整这两个参数，可以调节蒙版的形状。"屏幕柔化"选项则用于对蒙版边缘产生柔化效果。

（6）激活"前景色/边缘颜色校正"选项，可以分别对前景和边缘的颜色进行调节。

（7）背景换为夕阳西下的色调。此时，车内的色调就和背景色调不太协调了。调节前景，使之与背景和谐统一。

（8）展开"前景色校正"折叠栏。如图 6.50 所示，选择"激活色彩校正"复选框。展开"颜色调和盘"，出现一个颜色调整轮。将其向红色方向移动，使前景偏青偏红，以符合夕阳西下的背光色调。调整"亮度"和"对比度"参数，提高亮度和对比度。饱和度也应该提高一些，将"饱和度"参数调高一点。

（9）对透明的边缘区域进行调整。选择"激活边缘颜色校正"复选框，如图 6.51 所示。展开"颜色调和盘"。在色轮中调整颜色，观察车窗玻璃的色调。调整到暖黄色即可，经过调节，前景和背景色调统一，融合在一个场景中。

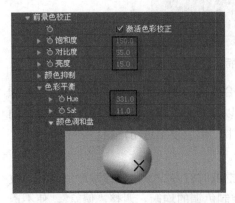

图 6.50 "前景色校正"参数设置

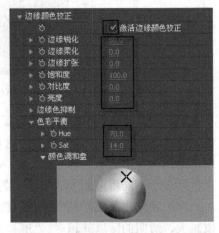

图 6.51 "边缘颜色校正" 参数设置

（10）如果影片中有一些非常难抠的细节，如发丝等，这时，Keylight 还提供了遮罩抠像的方法。在影片中对象的抠像边缘建立里外两个遮罩，分别指定遮罩抠像，系统会自动根据内外边缘的不同，比较差别，得出精细的抠像结果。这和内部/外部键非常类似，这里不再赘述。

通过上面的实例，可以看出键控（抠像）合成在数字视频合成中的重要意义，抠像合成只是数字视频合成的诸多手段和方法之一，这些手段是为创意设计服务的。通过灵活多变地使用它们，可以充分地表达出合成意图和创意设计思路，创造性地使用并设置它们的参数才能编辑合成出让人赏心悦目的数字视频节目和作品。

6.8　外部插件：3D Stroke&Shine

有时也可以采用描边路径的思路来制作特效，在此不得不提到 3D Stroke，这个包含在 Trapcode 插件里的特效插件是 After Effects 中使用频率最高的插件之一。它可以根据给定的 Mask 形状进行描边，并且可以对描边效果进行变形处理，结合光效插件 Shine，制作出非常炫目的效果。

在给出实例之前，先来了解一下第三方插件的知识。

After Effects 之所以能在众多优秀的合成软件中脱颖而出，成为用户群最大的合成软件，除了其简单的操作和强大的功能外，众多第三方插件的支持也是其成功的重要原因。全世界有不计其数的计算机厂商和计算机爱好者为 After Effects 编写特效插件。本书中将接触到很多 After Effects 的经典插件。

After Effects 插件种类繁多，其中有的插件是对 After Effects 原有特效功能的补充完善。例如，著名的 Boris 系列插件就属于此类。另一些插件则提供了更多 After Effects 所没有的特殊效果。

After Effects 的插件存放在 Adobe After Effects→Support Files→Plug-ins 目录下，扩展名为".Aex"和".8b"两种，扩展名为".Aex"的插件是 After Effects 自身的插件；扩展名为".8b"的插件是 Photoshop 滤镜插件。

After Effects 的插件有两类。

（1）一类是提供安装文件的插件包，通常在插件包中带有"Setup.exe"文件，这一类型的插件只要执行安装文件"Setup.exe"就可以进行安装。

（2）另一类插件是直接提供"Aex"和"8b"的文件，这一类型的插件通常带有自述文件，除非有特殊说明，否则直接将这些文件复制到 Adobe After Effects→Support Files→Plug-ins 目录下使用即可，有些插件需要将文件的只读属性去掉。

被安装的插件会自动集成到 After Effects 的 Effect 菜单下，控制界面也使用 After Effects 的标准特效控制对话框。

掌握更多的插件可以让工作更加得心应手，作品也更加出色。但是要注意，插件仅是一种辅助手段，对软件基本功能的掌握才是最重要的。下面是一个利用 Adobe Logo 描边路径、变形、光效等制作的一个非常绚丽的实例效果。

制作步骤如下。

（1）创建一个合成。按照 PAL 制模板创建一个 30 秒长的合成。

（2）在"时间线"窗口的空白处右击，新建一个固态层，或者按 Ctrl+Y 组合键在合成中新建一个固态层。

（3）双击固态层，在层窗口中选择工具箱中的 ✎ 工具，绘制一个如图 6.52 所示的 Adobe 标志。注意把钢笔工具的"贝赛尔曲线"选项关闭，以方便绘制直线。

（4）为路径应用描边特效。3D Stroke 插件被正确安装后，可以在"效果→Trapcode→3D Stroke 中为目标层应用三维描边插件。在合成窗口中可以看到 3D Stroke 自动沿着路径边缘产生描边，如图 6.53 所示。

图 6.52　绘制 Adobe 标志

图 6.53　路径描边

（5）现在描边太粗，看上去效果不是很好。把边缘变细，再给描边换个颜色。在特效控制对话框中展开 3D Stroke 特效，将 Thickness 参数设置为 2，单击 Color 参数旁的颜色块，将描边设为淡黄色。

（6）设置描绘动画。沿路径画出一个 Logo 来。将时间指示器移动到影片开始位置，激活 End 参数的关键帧记录器，并且将该参数设置为 0。

（7）将时间指示器移动至 4 秒左右位置，将 End 参数设置为 100。播放动画会发现，所有路径同时开始描边，而这里需要的是按顺序描边，激活 Stroke Sequentially 选项可解决这个问题。

（8）描边的动画做好了。现在笔画的粗细是一样的，可以使其产生变化，得到更好的效果。展开 Taper 参数栏，激活 Enable 选项，笔触有了变化，如图 6.54 所示。在 Taper 参数栏中各参数的作用如下。

① Start 和 End Thickness 参数栏：分别控制一笔中开始和结束部分的粗细。设为 0 时，开始和结束部分最细。设为 100 时，和在 Thickness 参数栏中设置的整体笔画粗细是相同的。

② Taper Start 和 End 参数栏：控制的是笔触开始收缩变化的位置。

③ Shape 栏的 Start 和 End 参数：分别控制笔触开始和结束收缩的形状、幅度。数值越大，收缩影响的范围也就越大，这样，笔触会显得更细一些。

（9）制作 Logo 变形的动画。将 Logo 卷曲，然后变形成一条条夸张的线条，最后恢复到 Logo 的初始状态。

（10）展开 Transform 卷展栏。在 4 秒左右位置激活 Bend 参数的关键帧记录器。

将时间指示器移动至 10 秒左右的位置，将 Bend 参数设为 3.5，可以看到，Logo 被卷曲起来，如图 6.55 所示。

（11）将时间指示器移动至 17 秒左右的位置，将 Bend 参数设为 7 左右。可以看到，Logo 卷曲得更加厉害了。

（12）将时间指示器移动至 28 秒左右的位置，将 Bend 参数设为 0，可以看到，卷曲被取消，Logo 恢复原状。

（13）播放动画，会发现 Logo 只是简单地卷来卷去，并没有产生所希望看到的线条。

图 6.54　笔触变化

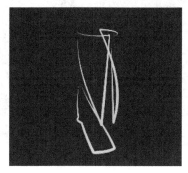

图 6.55　Logo 卷曲

（14）将时间指示器移动至 10 秒左右的位置，即第二个 Bend 关键帧处。激活 Bend Axis 参数的关键帧记录器。

（15）将时间指示器移动至 17 秒左右的位置，将 Bend Axis 参数设置为 85 左右，可以看到，卷曲效果被扭曲了，如图 6.56 所示。

（16）制作弯曲后，线条的变化比较丰富了，但是由于整个画面中只有一组线条，显得有些单调。下面展开 Repeate 卷展栏，激活 Enable 参数。

（17）将 Opacity 参数设为 45，让重复的图形产生递减透明的效果。

（18）将时间指示器移动到 10 秒左右的位置，激活 Z Displace 参数并设置为 400 左右，将时间指示器移动到 24 秒左右的位置，激活 Z Displace 参数并设置为 0。这就产生了一个图形向外扩展收缩的动画效果，如图 6.57 所示。

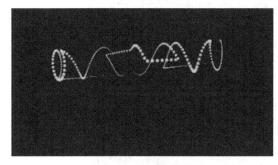

图 6.56　扭曲线条

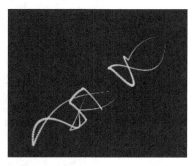

图 6.57　向外扩展收缩

（19）下面进一步对线条效果进行设置。展开 Advanced 卷展栏，将时间指示器移动到 10 秒左右的位置，激活 Adjust Step 参数的关键帧记录器。

（20）将时间指示器移动到 17 秒左右的位置，将 Adjust Step 的参数设置为 800，线变成了点，如图 6.58 所示。

（21）将时间指示器移动到 17 秒左右的位置，将 Adjust Step 的参数设置为 1000 即可，播放效果。

（22）为描边线条加入辉光，选择"效果"→"风格化"→"辉光"命令，效果如图 6.59 所示。

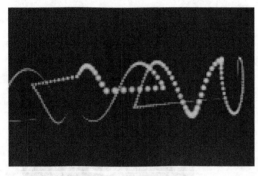

图 6.58　线变成点　　　　　　　　图 6.59　辉光效果

（23）为影片加入光效，这里用到了 Trapcode 插件包里的 Shine。

（24）选择"效果"→Trapcode→"Shine"特效，画面中出现了光芒四射的效果。很多广告或片头中使用的光效插件都是它。

（25）设置光效的颜色，设置参数如图 6.60 所示。

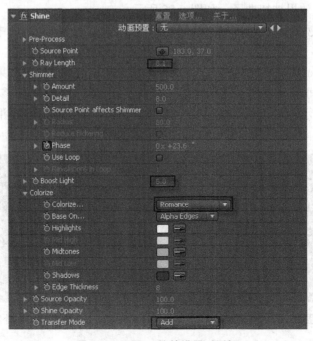

图 6.60　Shine 特效设置对话框

（26）把时间指示器移到影片前半段，即沿 Logo 描边的动画状态，可以看到，在这个位置光芒效果还是比较弱的。在 Base On 下拉列表中选择 Alpha Edges，并将 Edge Thickness 参数设置为 10，可以看到光芒被加强了，如图 6.61 所示。

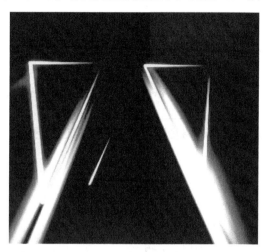

图 6.61　光芒被加强

（27）如果光芒位置过于向下，可以设置 Source Point 参数，调整位置，在此设置为 397 或 400 左右。

（28）对光线进行一些调整。展开 Shimmer 设置栏。将 Amount 参数设置为 500、Detail 参数设置为 8。Shimmer 专门用于设定光线的细节。Phase 用于控制光线的相位，设置关键帧可以产生光线流动的效果。

（29）将时间指示器移动至影片开始位置，激活 Phase 参数的关键帧记录器，将时间指示器移动至影片结束设置，将该参数设置为 50。

（30）光效到这里就全部设置完成了。在影片的最后要显示 Adobe 标志。按 Ctrl+D 组合键，复制一个层。选择上方的层，按 Delete 键删除所有特效。

（31）按 Ctrl+Shift+Y 组合键，将该层设置为红色。将时间指示器移动到 28 秒左右的位置，按 T 键，展开该层的透明度属性，将其关键帧记录器激活，设置为 0；将时间指示器移动至 29 秒左右的位置，将透明度参数设置为 100。

（32）选择下方应用了描边和光效的层，按 T 键打开其透明度属性。在 28 秒稍靠后一点的位置将其关键帧记录器激活，参数为 100；将时间指示器移动至 29 秒稍靠后一点的位置，将透明度属性参数设置为 0。这样就制作了一个光效和 Logo 之间的叠加变化过渡效果，光效渐弱，标志淡入。

（33）为影片配上音乐。在“项目”窗口中双击，导入 Music.mp3，将其拖曳入合成。输出一个影片，观看效果。

至此，该实例制作完毕。通过该实例，让读者体会了 3D Stroke&Shine 的强大功能。

思考与练习

1．填空题

（1）在 After Effects 的工具栏中利用三种工具可以绘制三种类型的遮罩，它们分别是：长方形遮罩、_____。

（2）选择整个遮罩而不是点，应该按住_____键并单击遮罩。

（3）勾画路径时，最好在_____窗口中进行。

（4）开放的路径遮罩只具有路径功能，不能产生透明区域；_____才具有透明的功能。

2．选择题

（1）哪一种遮罩类型在预览和渲染时最快？

  A．长方形；   B．椭圆形；   C．贝塞尔；   D．都一样。

（2）使用路径工具绘制遮罩时，产生控制点后，按住 Shift 键拖曳鼠标，则：

  A．控制点方向线可以沿水平移动；

  B．控制点方向线可以沿垂直移动；

  C．控制点方向线可以沿 45°角移动；

  D．控制点方向线可以沿 30°角移动。

（3）在 After Effects 中，对于已生成的遮罩，可以进行哪些调整？

  A．对遮罩边缘进行羽化；   B．设置遮罩的不透明度；

  C．扩展和收缩遮罩；   D．对遮罩进行反转。

（4）下面哪项对遮罩的作用描述正确？

  A．通过遮罩，可以对指定的区域进行屏蔽；

  B．某些特效需要根据遮罩产生作用；

  C．产生屏蔽的遮罩必须是封闭的；

  D．应用于效果特效的遮罩必须是封闭的。

3．简答题

（1）在 After Effects 中，建立遮罩的方法有哪些？

（2）在 After Effects 中，如何创建遮罩的形状动画？

（3）"色彩键"和"色差键"两种键控类型的联系和区别是什么？

第 *7* 章

After Effects 色彩修正

本章学习目标：
- ➤ After Effects 色彩修正各特效参数的意义；
- ➤ After Effects 色彩修正各特效参数的设置方法；
- ➤ After Effects 色彩修正实际应用。

7.1　After Effects 色彩修正概述

　　After Effects 自带了许多颜色校正方式，其中包括改变图像的色调、饱和度和亮度等特效，可以使用特效并配合层模式改变图像。如图 7.1 所示，原图人物似乎就在身边，应用色彩修正后，整个画面的时空好像变得遥远了。

（a）原图　　　　　　　　　　　　　　　　（b）应用色彩修正后的效果图

图 7.1　After Effects 调色效果图

　　After Effects 色彩修正菜单中提供了大量的针对图像颜色调整的特效，包括自动颜色、色阶、色彩平衡、亮度和对比度、曲线、色彩与饱和度等效果，它们都以特效的形式存在于菜单中。选择"效果"→"色彩校正"命令，就会看到色彩校正命令所能实现的所有功能，如图 7.2 所示。After Effects 的色彩校正命令类型非常多，在这里有所选择地进行介绍，其他没讲到的请读者自学。

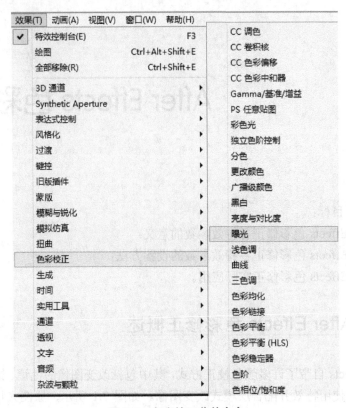

图7.2　色彩校正菜单命令

7.2　调节特效

After Effects 通过调节效果菜单中的各项调节结果对层的颜色进行调整。

7.2.1　亮度和对比度

调节特效滤镜用于调节图像的亮度和对比度，同时调整所有像素的高光、中间调和暗部。选择"效果"→"色彩校正"→"亮度与对比度"命令，就会打开"亮度与对比度"窗口，如图 7.3 所示。

图7.3　"亮度与对比度"窗口

该窗口各参数功能如下。

（1）亮度：设置图像的亮度。正值为变亮，负值为变暗。

（2）对比度：设置图像的对比度。负值会降低对比度，正值会提高对比度。

（3）重置：单击"重置"按钮可以使图像恢复为原始状态。

亮度和对比度是一种非常简便的调节方法，当不需要对图像进行精细调节时，使用该特效将非常快捷，如图 7.4 所示为应用"亮度与对比度"特效后的效果图。

（a）原图 　　　　　　　　　（b）应用"亮度与对比度"特效后的效果图

图 7.4　原图及应用"亮度&对比度"特效后的效果图

7.2.2　色调和饱和度

选择"特效"→"色彩校正"→"色相位/饱和度"命令，就会打开"色相位/饱和度"窗口，如图 7.5（a）所示。该特效可以很方便地通过主控（复合 RGB）通道或多个单一通道来调整图像的色相和饱和度及彩色化。

该特效窗口各参数的功能如下。

（1）通道控制：指定要调整的颜色通道。可调整的颜色通道有"主体"、"红"、"黄"、"绿"、"青"、"蓝"和"品红"。选择"主体"选项，可以调节所有通道的总色调。选择"红"、"黄"、"绿"等单色通道，可以调整相应颜色的色相、饱和度和亮度，如图 7.5（b）所示。

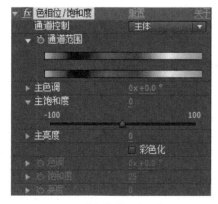 

（a）"色相位/饱和度"窗口 　　　　　　（b）颜色通道

图 7.5　"色相位/饱和度"窗口及颜色通道

（2）通道范围：显示颜色色谱，用以控制通道的调节范围。上方的色谱表示调整前的颜色范围，下方的色谱表示在全饱和度下进行调节后的颜色。当对单独的通道进行调节时，会出现控制滑块，拖曳矩形控制滑块可以调节颜色范围，拖曳三角形控制滑块可以调整羽化程度。

（3）主色调：设置从"通道控制"列表中所选通道的总色调。此处为"主控色调"。

（4）主饱和度：调整颜色通道主色调总的饱和度。此处为"主控饱和度"。

（5）主亮度：调整颜色通道主色调总的亮度。此处为"主控亮度"。

（6）彩色化：对图像增加颜色。此选项可将灰阶图转换为带有色调的双色图。

如图 7.6 所示为原图及应用色调/饱和度特效后的效果图。

（a）原图

（b）应用色调/饱和度特效后的效果图

图 7.6　原图及应用色调/饱和度特效后的效果图

7.2.3　色阶

选择"效果"→"色彩校正"→"色阶"命令，就会打开"色阶"窗口，如图 7.7 所示。在修正图像的高亮、中间调和暗部影调时，该滤镜特效就会派上用场。利用柱状图对黑/白输入、黑/白输出及伽玛等参数的调整来修改图像的影调。

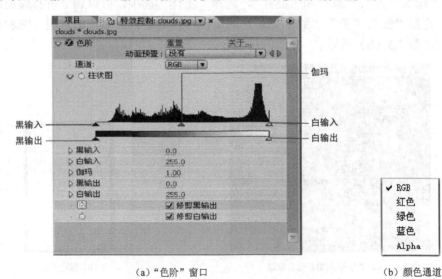

（a）"色阶"窗口

（b）颜色通道

图 7.7　"色阶"窗口及颜色通道

该特效窗口中各参数的功能如下。

（1）通道：选择需要调节的颜色通道。可调正的颜色通道有"RGB"、"红色"、"绿色"、"蓝色"和"Alpha"通道。对于每一个通道，都可以调节其黑/白输入、黑/白输出及伽玛等参数。

（2）柱状图：显示像素值在图像中的分布情况，横轴表示亮度值，纵轴表示每个亮度级别中的像素数量。

（3）黑输入：指定黑色图像输入值的阈值，低于黑色输入级别的黑色被映射为输入图像的黑色。

（4）白输入：指定白色图像输入值的阈值，低于白色输入级别的白色被映射为输入图像的白色。

（5）伽玛：设置输入/输出的对比度，该对比度由柱状图下方中间的三角滑块表示。

如图 7.8 所示为原图及应用色阶特效后的效果图。

（a）原图   （b）应用色阶特效后的效果图

图 7.8   原图及应用色阶特效后的效果图

7.3   图像控制特效

7.3.1   色彩平衡

选择"效果"→"色彩校正"→"色彩平衡（HLS）"命令，将会打开"色彩平衡（HLS）"窗口，如图 7.9 所示。

图 7.9   "色彩平衡（HLS）"窗口

"色彩平衡（HLS）窗口"中各参数的功能如下。

（1）色相：调节图像色调值。

（2）亮度：调节图像亮度值。

（3）饱和度：调节图像饱和度值。

如图 7.10 所示为原图及应用色彩平衡（HLS）后的效果图。

　　（a）原图　　　　　　　　　　　　　（b）应用色彩平衡（HLS）后的效果图

图 7.10　原图及应用色彩平衡（HLS）后的效果图

7.3.2　彩色光

选择"效果"→"色彩校正"→"彩色光"命令，将会打开"彩色光"窗口，如图 7.11 所示。该特效可以以一种自定义的渐变颜色对图像进行平滑的周期填色，得到富有韵律的色彩效果。如图 7.12 所示为被调节图层原图，图 7.13 所示为色彩信息来源图层原图。

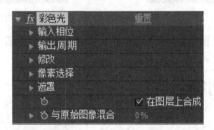

图 7.11　"彩色光"窗口

图 7.12　被调节图层原图　　　　　　图 7.13　色彩信息来源图层原图

"彩色光"窗口中各参数功能如下。

（1）输入相位：对彩色光的相位进行调节。

① 获取相位：选择获取相位的方法，其选项有"强度"、"红色"、"绿色"、"蓝色"、"色调"、"亮度"、"饱和度"、"数值"、"Alpha"和"零点"。

② 添加相位：选择本层或其他层图像相位加到本层。

③ 添加模式：选择两个图层信息的显示方式。其选项有"包裹"、"平均"、"固定"和"屏幕"，如图 7.14 所示为"屏幕"效果图。

图 7.14　应用彩色光特效效果图

④ 相位位移：调节输入相位位移量。

（2）输出周期：该项包含一个色轮和一个色彩控制条块。色轮决定了图像中彩色光的颜色范围。拖曳色轮上的三角形颜色块，可以改变颜色的面积和位置，该改变也实时映射到图像中。三角形颜色块另一端连接的控制条可以调节颜色的不透明度，只要拖曳滑块，就可以改变颜色的不透明度，如图 7.15 所示。

图 7.15　通过控制条改变色轮色彩透明度

（3）修改：调节彩色光特效，在右边的列表中可以选择彩色光影响当前层颜色信息的方式，如图 7.16 所示。

（4）像素选择：指定彩色光在当前层上影响的像素范围。

① 匹配色彩：选择当前层彩色光特效所影响的颜色。

② 匹配公差：设置受彩色光影响的色彩范围。

③ 匹配柔化：设置受彩色光影响和未受影响的像素之间的过渡柔和程度。

④ 匹配模式：指定要使用的颜色模式，如图 7.16 所示。

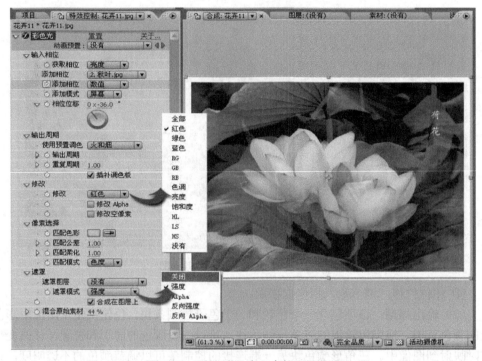

图 7.16 "彩色光"窗口中的下拉菜单

7.4 综合实例：流动的云彩

7.4.1 实训目的

本实例将为一张静态的图片制作流云的动态背景效果，让静态图片动起来，在此将使用分形噪波、渐变等多种特效。

7.4.2 实训操作步骤

1. 制作云彩纹理

（1）启动 After Effects，打开工作界面。

（2）双击"项目"窗口，弹出"导入素材"对话框，选中"Countryside.jpg"图片文件，单击"确定"按钮导入素材到项目窗口中。

（3）选中"项目"窗口中的"Countryside.jpg"，将其拖曳到"新建合成"按钮 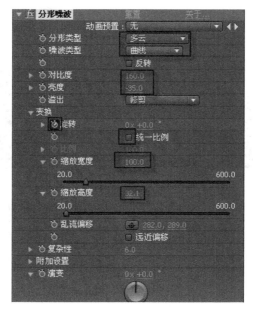 上，创建一个该文件参数大小的合成。

（4）在此需要先制作云彩纹理，首先在"时间线"窗口的空白区域单击右键，新建一个固态层，其参数设置和合成尺寸大小一致。

（5）添加杂色。选择"效果"→"噪波与颗粒"→"分形噪波"命令，弹出"分形噪波"对话框，设置其参数，如图 7.17 所示。"分形类型"选择"多云"，"噪波类型"选择"曲线"，提高纹理的对比度为"160"，降低亮度为"−35"，这样云层的层次感就比较清楚了。将对话框中的"统一比例"约束打开，将图片的高度压缩，设置为"32"，形成一种天空效果。

图 7.17 "分形噪波"设置对话框

（6）为了让其动起来，可设置"旋转"属性进行一个小幅度的旋转。当时间指示器在 0 秒的位置时，单击关键帧添加图标，激活关键帧属性；当时间指示器在 5 秒的位置时，将旋转参数设置为"20"。

2. 抠取云层形状

（1）调整"时间线"窗口中两图层的位置，将"Countryside.jpg"放到最上方，双击该图层，打开层窗口，利用"钢笔"工具绘制遮罩，效果如图 7.18 所示。注意遮罩是闭合的，即天空之外的部分保留。

（2）打开"遮罩"属性，将"遮罩羽化"值设置为 10 像素，效果如图 7.19 所示。

（3）为云彩上色。选中固态层，选择"效果"→"色彩校正"→"浅色调"命令，弹出"浅色调"对话框，设置其参数，如图 7.20 所示。将"映射黑色到"选项颜色设置为"蓝色"，"着色数值"提高为"100"，提亮蓝天白云的效果。

160

图 7.18　遮罩

图 7.19　效果图

图 7.20　"浅色调"设置对话框

（4）按照常识，透视学中有近大远小、近清楚远模糊、近亮远淡的效果，为了实现该效果，需要给它加一个渐变效果。选择"效果"→"色彩校正"→"渐变"命令，弹出"渐变"设置对话框，设置其参数，如图 7.21 所示。"开始色"设置为"蓝色"，位置在图片的上中间位置；"结束色"设置为"白色"，位置在图片的中间位置；"与原始图像融合"设置为 40%即可。

（5）至此，一段流云就完成了，为了突出效果，可以给两个图层加一个眩光效果，为了同时施加该效果，可以先将两个图层合并，也称为预合成。选择"图层"→"预合成"命令，弹出"预合成"对话框，参数设置如图 7.22 所示。

（6）选中该合成图层，选择"效果"→"生成"→"镜头光晕"命令，调整光晕的合适位置，形成炫光效果，读者也可利用关键帧属性设置光晕动画。

3．预览效果，渲染输出

最后预览效果并渲染输出，具体方法与前面实例类似。

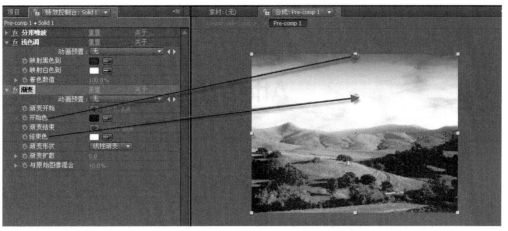

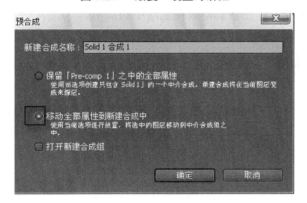

图 7.21 "渐变"设置对话框

图 7.22 "预合成"对话框

7.4.3 实训小结

通过利用色彩稳定特效、色调/饱和度等调整彩条效果，可以让读者对这些命令的功能、作用更加清楚，便于以后运用特效制作出一些神奇的效果。

思考与练习

在后期校色过程中，比较不同颜色深度（8 位/通道、16 位/通道、32 位/通道等）的视频片段在校色中画面的质量及颜色的损失情况。

第 8 章

After Effects 仿真特效

本章学习目标：
➤ After Effects 仿真特效的类型；
➤ 掌握粒子运动场特效参数设置，尤其是粒子类型、物理属性及贴图的设置；
➤ 掌握 After Effects 的仿真特效在生活中的应用。

8.1 仿真特效概述

仿真特效是 After Effects 的高级应用，模拟自然界的自然现象，制作出逼真、细腻、绚丽的效果。After Effects 提供了多种仿真特效，选择"效果"→"模拟仿真"命令就可看到这些特效类型，如图 8.1 所示。本章重点讲解两种仿真特效：一种是粒子运动；另一种是碎片。

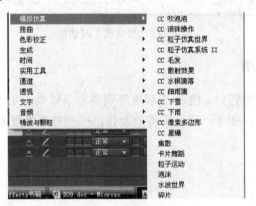

图 8.1 仿真特效类型

8.2 仿真特效——碎片

8.2.1 碎片的基本介绍

选择"效果"→"模拟仿真"→"碎片"命令，就会打开碎片仿真特效窗口，如

图 8.2 所示。使用此特效可以对图像进行粉碎爆炸处理，使其产生飞散的碎片。可以设置爆炸点、调整爆炸范围及强度等。

图 8.2　碎片仿真特效窗口

该特效参数功能如下。

（1）"查看"：选择爆炸效果在合成窗口中的显示方式。渲染方式下显示最终效果图；线框图方式则以线框显示爆炸效果，这种方式可使刷新速度大幅提升；在"线框图+力量"方式下，系统可在合成图像窗口中显示爆炸的受力状态。

（2）"渲染"：选择要显示的目标对象。选择"全部"将显示全部图像，包括粉碎或爆炸的碎片及没有被粉碎或爆炸的图片；选择"图层"将显示没有被粉碎或爆炸的图像；选择"碎片"则显示爆炸的碎片。

（3）"外形"：对爆炸产生的碎片状态进行设置。

①"图案"：选择粉碎或爆炸后形成的图案类型，预置 20 种图案。

②"自定义粉碎"：用于指定一个粉碎或爆炸后作为形状的目标层。此选项在"图案"中选择"自定义"后才有效。

③"白碎片（固定）"：选择该项，将使白色平铺在图层上。

④"重复"：设置粉碎或爆炸碎片的重复数量，该值越大，碎片越多，所需要的渲染时间也越长。

⑤"方向"：控制粉碎或爆炸的角度。

⑥"原点"：设置粉碎或爆炸纹理的开始位置。

⑦"挤压深度"：设置粉碎或爆炸后碎片的厚度，使视觉呈现立体感。

（4）"焦点 1"为目标指定一个力。"粉碎"特效可以指定两个力场，在默认状态下，仅使用"力量 1"。

①"位置"：控制力的位置，即产生爆炸的位置。如果选择"线框图+力量"或"线框前视图+力量"演示效果，系统在合成图像中显示目标的受力状态。可以拖曳效果点改变力的位置。

②"深度"：控制力的深度，即外凸还是内凹。

③"半径"：控制力的半径。数值越大，半径越大，目标受力面积也就越大。

④"强度"：控制力的强度，其值越大，碎片飞得越远。

（5）"焦点 2"：参数设置同焦点 1。

（6）"倾斜"：指定一个层，利用该层的渐变来影响爆炸效果。

①"粉碎阈值"：设置粉碎阈值。

②"渐变图层"：选定一个图层，利用该层渐变来影响爆炸效果，并可以控制爆炸效果的极限值，白色为 100%影响，黑色为不影响。

③"反向渐变"：反转渐变层效果来影响渐变层。

（7）"物理"：设置关于碎片的几个和物理学有关的特性，如旋转速度、翻滚坐标、重力等。

①"旋转速度"：控制爆炸产生碎片的旋转速度。数值为 0 时，碎片不会翻滚旋转，数值越大，旋转速度越快。

②"翻转轴"：设置爆炸产生碎片如何翻滚旋转。默认状态下碎片自由翻滚；选择"无"则不产生翻滚或将碎片锁定在一个轴上。

③"随机"：设置碎片飞散的随机值。较大的值产生不规则、凌乱的碎片飞散效果。

④"黏性"：设置粉碎或爆炸后的碎片黏度。较大的值使碎片聚集在一起。

⑤"聚合力量"：设置粉碎或爆炸后碎片集中的百分比。图 8.3（a）中的百分比值小，图 8.3（b）中的百分比值大。

⑥"重力"：为爆炸施加一个重力，类似地球的引力。爆炸后的碎片会受到重力的影响。

⑦"重力方向"：设置重力的引力方向。

⑧"重力倾斜"：设置重力的倾斜程度。

（a）　　　　　　　　　　　　　　　（b）

图 8.3　不同聚合力量百分比效果图

（8）"质感"：对粉碎或爆炸后碎片粒子的颜色、纹理贴图进行设置。

如图 8.4 所示为应用粉碎仿真特效效果图。

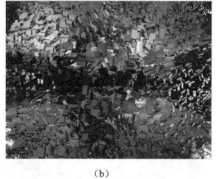

(a)   (b)

图 8.4　应用粉碎仿真特效效果图

8.2.2　"碎片"特效应用实例：节目预告

本实例使用的主要工具为："碎片"特效、"Shine"光效和"镜头光晕"特效，三种特效配合使用制作文本爆炸的效果。

操作步骤如下。

（1）运行 After Effects，打开其工作界面。

（2）新建一个合成，时间长度为 9 秒，并将其命名为"text"，参数设置如图 8.5 所示。双击"项目"窗口，导入背景素材"五角星飞出.mpg"。

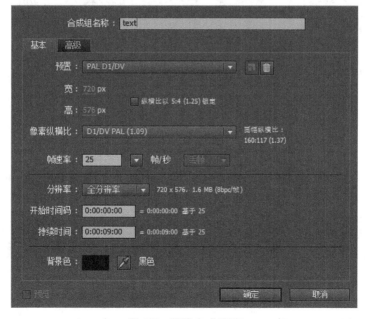

图 8.5　图像合成设置

（3）在工具箱中单击文本工具按钮 **T**，或者在时间线控制区域右击，选择"新建"→"文字"命令创建文本图层，输入文本"精彩节目稍候即将播出"，调整文本属性，具体参数设置如图 8.6 所示。

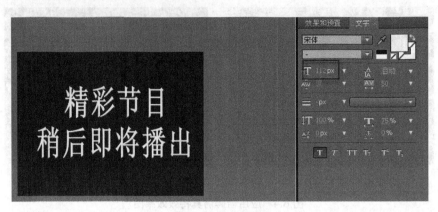

图 8.6　文本设置

（4）新建另一个合成，命名为"渐变"。

（5）在时间线控制区域右击，创建一个与合成大小一致的固态层。

（6）选中固态层，选择"效果"→"生成"→"渐变"命令，设置一个从黑到白的水平方向的渐变效果，如图 8.7 所示。

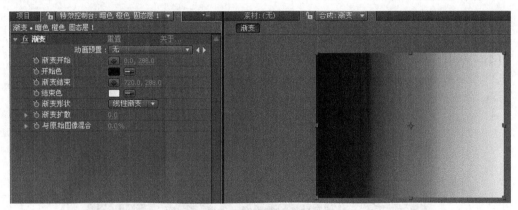

图 8.7　"渐变"特效设置

（7）再新建一个合成，命名为"合成"。将背景素材"五角星飞出.mpg"文件装配到"时间线"窗口中，素材摆放如图 8.8 所示。

图 8.8　素材摆放

（8）单击"渐变"图层的显示按钮 ，隐藏该图层，选中 text 图层，选择"效果"→"模拟仿真"→"碎片"命令，施加"碎片"特效。将播放头移动到 0 秒位置，然后在"渐变"设置中选择"渐变图层"选项，并为"位置"选项、"碎片界限值"选项、"重力"选项和"重力方向"加上关键帧，再将播放头移动到 3 秒的位置，具体调整参数如图 8.9 所示。

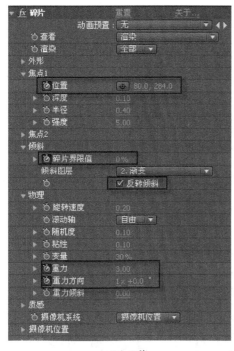

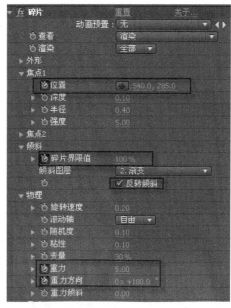

（a）0 秒 　　　　　　　　　　　（b）3 秒

图 8.9　关键帧设置

（9）预览效果，这时文字的爆炸效果已经实现了，如图 8.10 所示。

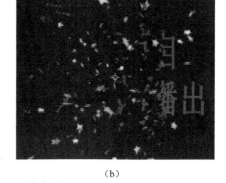

（a）　　　　　　　　　　　　　　（b）

图 8.10　文字的爆炸效果

（10）添加光效，选择"效果"→"Trap code"→"Shine"命令，应用 Shine 特效。Shine 特效是 Trap code 公司开发的一款外挂光效插件，Shine 特效在前面的章节已经涉猎到。如果 After Effects 中没有安装，可到网上下载并安装该外部插件。Shine 特效菜单如图 8.11 所示。

（11）Shine 的具体参数设置如下，首先将播放头移动到 11 帧左右的位置，然后设置各选项参数，并为 Mask Radius 选项和 Source Point 选项加上关键帧，将播放头移动到 1 秒 16 帧的位置，设置各选项参数如图 8.12 所示。

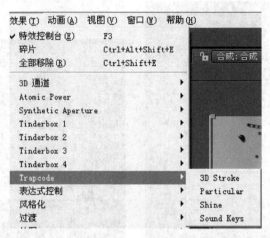

图 8.11 Shine 特效菜单

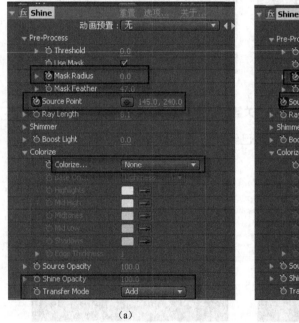

(a)

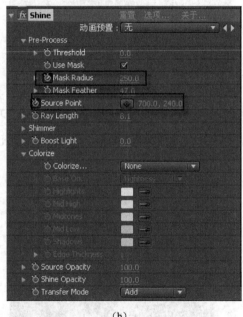

(b)

图 8.12 设置各选项参数

（12）预览效果，文本已具有了比较炫目的光效果。

（13）设置投影，利用 Drop Shadow（阴影）特效为文本添加影子。选择"效果"→"透视"→"阴影"命令，添加阴影效果，各项参数设置如图 8.13 所示。

（14）最后给它加入一个"镜头光晕"效果，制作一种炫光效果。新建一个固态层，颜色为"黑色"，命名为"光"。选择"效果"→"生成"→"镜头光晕"命令，添加"镜头光晕"特效。将播放头移动到 10 帧的位置，添加关键帧，设置参数；设置其结束位置，将播放头移动到 1 秒 15 帧的位置，参数设置如图 8.14 所示。

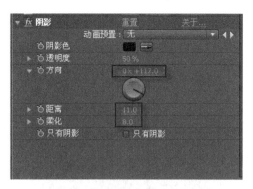

图 8.13 设置"阴影"特效

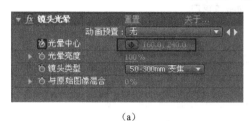

（a）

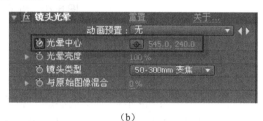

（b）

图 8.14 设置"镜头光晕"特效

（15）图层的混合模式设置为"添加"模式，预览效果如图 8.15 所示。

（a）

（b）

图 8.15 预览效果

（16）保存项目，渲染输出。

8.3 仿真特效——粒子运动

8.3.1 粒子运动特效概述

使用粒子运动特效可以产生大量模拟自然现象中相似物体运动的动画效果，如雪花飘飘、炊烟袅袅、落雨纷飞、花瓣凋零等，主要都是粒子特效的结果。选择"效果"→"模拟仿真"→"粒子运动"命令，就会打开粒子运动特效窗口，如图 8.16 所示。

图 8.16　粒子运动特效窗口

该窗口主要参数功能如下。

（1）"选项"：设定粒子的选项，包括以文本代替圆点粒子。

（2）"发射（加农）"：是粒子发生器的一种类型，使用它在层上产生粒子流。

（3）"网格"：也是粒子发生器的一种类型，使用它在层上产生粒子面。

（4）"图层爆炸"：选择一个图层对象爆炸后生成新的粒子。

（5）"粒子爆炸"：使已经存在的粒子再爆炸，生成更多的新粒子。

（6）"图层映射"：设置粒子的贴图。

（7）"重力"：控制粒子受重力的状态。

（8）"排斥"：控制粒子间受排斥力的状态。

（9）"墙"：利用墙壁来约束粒子的运动区域。

（10）"持续特性映射"：设置粒子属性持续影响效果。

（11）"短暂特性映射"：设置粒子属性短暂影响效果。

注意：当一个层用于存放粒子后，粒子运动会忽略层上的变换属性和关键帧变化，仅使用该层的初始状态。所以一般情况会将粒子建立在固态层上。

使用该特效的操作步骤如下。

（1）选择应用粒子特效的层，一般建立一个新的固态层。

（2）选择"特效"→"仿真"→"粒子运动"命令，产生粒子系统。

（3）确定粒子发生器的类型。可以从"发射（加农）"中发射一束粒子，或者从"网格"产生平面的粒子，或者使用层爆破器将一个层爆破产生粒子。如果一个层本身就是粒子层，在使用粒子爆破器后会使已存在的粒子爆炸，从而得到更多的粒子。

（4）设置产生粒子的种类。默认情况下产生圆点粒子。可以使用合成窗口中任意层上的素材替代粒子，或者用设定的文本字符代替点粒子。

（5）调节部分或全部粒子的状态。可以使用重力在设定方向上牵引粒子，或者使粒子相互排斥；或者使用墙将粒子约束在某个区域。

（6）使用图像调节单个粒子的状态。可以调节影响粒子运动（如速度、力量等）的属性，以及改变粒子外观（如颜色、透明度和尺寸等）属性。

8.3.2 选项

单击粒子运动特效窗口中的"选项"按钮，会弹出如图 8.17 所示的"粒子运动场"对话框，在其中可以用文本替换默认粒子，使粒子发生器发射文本字符。分别可以对网格和加农指定发射文本。

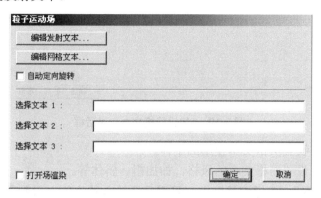

图 8.17 "粒子运动场"对话框

"粒子运动场"对话框中各参数的功能如下。

（1）"编辑发射文本"：用文本替换加农粒子。若单击该选项按钮，则会弹出如图 8.18 所示的"编辑发射文本"对话框，其功能如下。

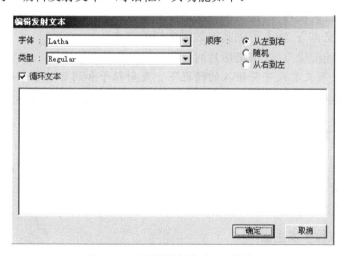

图 8.18 "编辑发射文本"对话框

① "字体"：设置发射文本使用的字体。

② "类型"：设置发射文本的风格，如加粗、斜体等。

③ "循环文本"：选择该复选框，可循环产生所输入的字符；不选该复选框，则每个输入的字符仅产生一次。

④ "顺序"：设置发射字符的顺序，该顺序与在文本中输入字符的顺序有关，当粒子从左向右发射时，文本的顺序不变；当粒子从右向左发射时，文本必须反向输入。

（2）"编辑网格文本"：用文本替换网格粒子。单击"编辑网格文本"按钮，弹出如图 8.19 所示的"编辑网格文本"对话框，其功能如下。

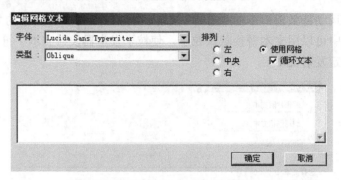

图 8.19 "编辑网格文本"对话框

① "字体"：设置网格文本使用的字体。

② "类型"：设置网格文本的风格，如加粗、斜体等。

③ "循环文本"：选择该复选框，可重复所输入的字符，直到所有网格交叉点都有一个字符；不选择该复选框，则文本字符只出现一次。

④ "排列"：设置网格文本的对齐方式，选择"左"、"居中"或"右"将文本框中的文本定位在网格属性设定的位置，或者选中"使用网格"单选按钮将文本定位在连续网格交叉点上。

（3）"自动定向旋转"：使文本自动适应旋转。

（4）"选择文本"：输入可供其他效果选择的文本。

（5）"打开场渲染"：在渲染影片时使用。

注意：在没有文本或字符输入的情况下，发射粒子和网格粒子一般使用方格。但是，如果在文本框中输入了文本或字符，那么它们将取代方格作为粒子。

8.3.3　粒子类型

粒子类型共有发射（加农）、网格、层爆破器和粒子爆破器 4 种。其中，加农在层上产生粒子流，网格产生粒子面，层爆破器将一个层爆破后产生粒子，粒子爆破器将粒子爆破后产生新的粒子。

➤ 1. 加农粒子发生器

加农粒子发生器在层上产生连续的粒子流，如同炮向外发射炮弹。单击粒子运动特效窗口中"发射"前的 ▷ 按钮，打开"发射"卷展栏，如图 8.20（a）所示。

其参数功能如下。

（1）"位置"：设置发射器在屏幕上的发射位置。

（2）"圆筒半径"：设置发射器柱体半径。该值越大，生成粒子的范围越广。

（3）"粒子/秒"：设置发射器圆筒每秒发射的粒子数量。

（4）"方向"：设置发射器的粒子发射角度。

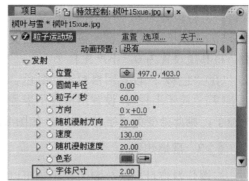

（a）   （b）

图 8.20 "发射"卷展栏

（5）"随机漫射方向"：设置发射粒子的随机扩散方向。

（6）"速度"：设置粒子发射的初始速度，速度越快，喷射位置距发射器在屏幕上的发射位置越远。

（7）"随机漫射速度"：随机扩散速度，控制粒子速度的随机量。

（8）"色彩"：设置发生器发射出的粒子的颜色。

（9）"粒子半径"：设置发射器发射出的粒子半径。如果在"选项"设置中使用了文本作为粒子，则此处变为"字体尺寸"，如图 8.20（b）所示。

2. 网格粒子发生器

网格粒子发生器从一组网格交叉点产生连续的粒子面。单击粒子运动特效窗口中"网格"前的 ▷ 按钮，打开"网格"卷展栏，如图 8.21（a）所示。

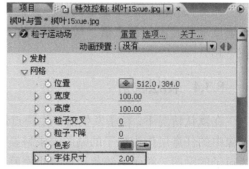

（a）   （b）

图 8.21 "网格"卷展栏

其参数功能如下。

（1）"位置"：设置网格中心的位置。

（2）"宽度"：设置网格的边框宽度，以像素为单位。

（3）"高度"：设置网格的边框高度，以像素为单位。

（4）"粒子交叉"：设置粒子的横向交叉，确定网格区域中水平方向上分布的粒子数。将其值设置为 0，不产生粒子。

（5）"粒子下降"：设置粒子的纵向交叉，确定网格区域中垂直方向上分布的粒子数。将其值设置为 0，不产生粒子。

（6）"色彩"：设置网格粒子的颜色。

（7）"粒子半径"：设置网格粒子半径。如果在"选项"设置中使用了网格文本作为粒子，则此处变为"字体尺寸"，如图 8.21（b）所示。

▶3. 层爆炸器

层爆炸器将目标层分裂为粒子。可以模拟爆炸、烟火等效果。单击粒子运动特效窗口中"图层爆炸"前的▷按钮，打开"图层爆炸"卷展栏，如图 8.22 所示。

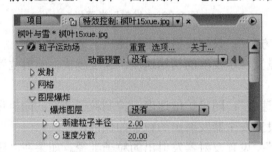

图 8.22 "图层爆炸"卷展栏

其参数功能如下。

（1）"爆炸图层"：选择一个用来爆炸的图层。此选项可以选择图层图像以再现真实物体爆炸过程。

（2）"新建粒子半径"：所选爆炸图层爆炸后生成的新粒子的半径。

（3）"速度分散"：该值以每秒像素为单位，决定了爆炸图层爆炸后生成的新粒子速度变化范围的最大值。较大值产生一个更分散的爆炸；较小值则使新粒子聚集在一起。

8.3.4 图层映射

在默认情况下，粒子发生器产生圆点粒子。After Effects 可以通过层映像指定合成图像中的任意层作为粒子的贴图来求替换圆点。例如，如果使用一只小蜜蜂的素材作为粒子的贴图，粒子系统将用这只小蜜蜂的素材替换所有圆点粒子，从而产生一群小蜜蜂。如图 8.23 所示，图 8.23（a）为圆点粒子，图 8.23（b）为粒子贴图后的效果图。

单击粒子运动特效窗口中"图层映射"前的▷按钮，打开图层映射卷展栏，如图 8.24 所示。

其参数功能如下。

（1）"使用图层"：选择用户用于映射的层。

（2）"时间偏移类型"：设置时间偏移量。选择从哪一帧开始播放用于产生粒子的映像层，这样可以得到真实的效果。

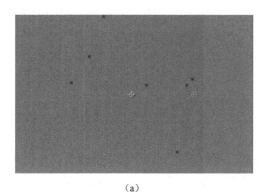
（a）

（b）

图 8.23　粒子贴图后效果图

图 8.24　"图层映射"卷展栏

①"相对"：设定时间偏移，决定从哪里开始播放动画，即粒子的贴图与动画中粒子当前帧时间步调保持一致。

②"绝对"：根据设定时间位移显示图像层中的帧而忽略当前时间。使用该选项可以使粒子在整个生存期显示多帧图像层中的同一帧，而不是依据时间在运动场向前播放循环显示各帧。

③"相对随机"：每个粒子都可以从图像层中一个随机的帧开始，其随机时间范围为从当前时间值到所设定的时间偏移值。

④"绝对时间"：每个粒子都可以在图像层中的 0 到时间偏移之间的任意帧开始。

（3）"时间偏移"：设置时间的偏移量。

（4）"影响"：设置各种因素对粒子造成的影响。

①"粒子"：可在其下拉列表中选择粒子发生器，或者选择粒子受当前选项影响的粒子发生器的组合。

②"选择映射"：以所选层图像的亮度来影响粒子，当粒子穿过不同亮度的层映射时，粒子所受的影响不同。若层图像像素亮度值为 255（白色），则粒子受 100%影响；若层图像像素亮度值为 0（黑色），则粒子不受影响。

③"字符"：指定受当前选项影响的字符的文本区域。该选项只在将字符作为粒子时有效。

④"旧/新比例"：用于指定年龄阈值，以秒为单位，给出粒子受当前选项影响的年龄上限和下限，指定正值影响较老的粒子，指定负值影响较年轻的粒子。

⑤"老化"：用于控制年龄羽化。以秒为单位指定一个时间范围，该范围内所有老或年轻的粒子都被羽化或柔和。羽化产生一个逐渐变化的效果。

8.3.5 粒子的物理属性

粒子的状态将受到重力、排斥力、墙壁等属性的影响。

▶ **1. 重力**

重力在指定的方向上影响粒子的运动状态，模拟真实世界中的重力现象。单击粒子运动特效窗口中"重力"前的 ▷ 按钮，打开"重力"卷展栏，如图8.25所示。

图8.25 "重力"卷展栏

其参数功能如下。

（1）"力量"：控制重力的影响力。

（2）"随机漫射力量"：随机扩散力量。该值为0时，无漫射力量，所有粒子以相同的速度下落；该值不为0时，一些粒子会以不同的速度下落。

（3）"方向"：设置重力的方向。默认值为180°，重力方向向下。

（4）"影响"：设置各种因素对粒子的影响。

①"粒子"：可在其下拉列表中选择粒子发生器，或者选择粒子受当前选项影响的粒子发生器的组合。

②"选择映射"：以所选层图像的亮度来影响粒子，当粒子穿过不同亮度的层映射时，粒子所受的影响不同。若层图像像素亮度值为255（白色），则粒子受100%影响；若层图像像素亮度值为0（黑色），则粒子不受影响。

③"字符"：指定受当前选项影响的字符的文本区域。该选项只在将字符作为粒子时有效。

④"旧/新比例"：用于指定年龄阈值，以秒为单位，给出粒子受当前选项影响的年龄上限和下限，指定正值影响较老的粒子，指定负值影响较年轻的粒子。

⑤"老化"：用于控制年龄羽化。以秒为单位指定一个时间范围，该范围内所有老或年轻的粒子都被羽化或柔和。羽化产生一个逐渐变化的效果。

▶ **2. 排斥力**

排斥力控制相邻粒子的相互排斥和吸引，类似于给每个粒子增加正、负磁极。单击粒子运动特效窗口中"排斥"前的▷按钮，打开"排斥"卷展栏，如图 8.26 所示。

其参数功能如下。

（1）"力量"：设置粒子间排斥力的影响程度。正值排斥，负值吸引。

（2）"力量范围"：设置粒子间受到排斥或吸引的范围。

（3）"排斥物"：反射极。指定哪些粒子作为一个粒子子集的排斥源或吸引源。

（4）"影响"：指定哪些粒子受选项的影响。粒子运动场根据粒子的属性指定包含的粒子或排除的粒子。

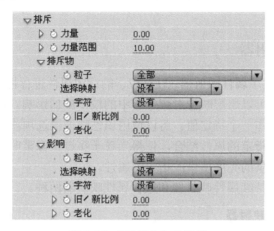

图 8.26 "排斥力"卷展栏

①"粒子"：可在其下拉列表中选择粒子发生器，或者选择粒子受当前选项影响的粒子发生器的组合。

②"选择映射"：以所选层图像的亮度来影响粒子，当粒子穿过不同亮度的层映射时，粒子所受的影响不同。若层图像像素亮度值为 255（白色），则粒子受 100%影响；若层图像像素亮度值为 0（黑色），则粒子不受影响。

③"字符"：指定受当前选项影响的字符的文本区域。该选项只在将字符作为粒子时有效。

④"旧/新比例"：用于指定年龄阈值，以秒为单位，给出粒子受当前选项影响的年龄上限和下限，指定正值影响较老的粒子，指定负值影响较年轻的粒子。

⑤"老化"：用于控制年龄羽化。以秒为单位指定一个时间范围，该范围内所有老或年轻的粒子都被羽化或柔和。羽化产生一个逐渐变化的效果。

▶3. 墙壁

墙壁约束粒子移动的区域。墙壁是用遮罩工具产生的遮罩，产生一个墙壁可以使粒子停留在一个指定的区域。当一个粒子碰到墙壁时，它就以碰墙的力度所产生的速度弹回。单击粒子运动特效窗口中"墙壁"前的▷按钮，打开"墙壁"卷展栏，如图 8.27 所示。

其参数功能如下。

①"边界"：使用路径或遮罩定义一面或多面墙，使墙外粒子不可见。

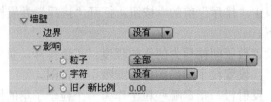

图 8.27　"墙壁"卷展栏

②"影响"：指定哪些粒子受选项的影响。粒子运动场根据粒子的属性指定包含的粒子或排除的粒子。

8.3.6　属性映射器

After Effects 提供了属性映射器，以对粒子的特定属性进行控制。属性映射器不能直接作用于粒子，但可以用层映像对穿过层中的粒子施加影响。每个层映像器像素的亮度被粒子运动场当作一个特定值。可以使用属性映像器选项将一个指定的层映像通道（红、绿或蓝）与指定的属性结合，使得当粒子穿过某像素时，粒子运动场就在那些像素上用层映像提供的亮度值修改指定的属性。

属性映射器分为持续属性映射器和短暂属性映射器两种。

▶ 1．持续属性映射器

持续属性映射器持续改变粒子属性为最近的值，直到另一个运算（如排斥力、重力或墙壁）修改了粒子。例如，如果使用层映像改变了粒子属性，并且动画层映像使它退出屏幕，则粒子保持层映像退出屏幕时的状态。

单击粒子运动特效窗口中"持续属性映射"前的 ▷ 按钮，打开"持续属性映射"卷展栏，如图 8.28 所示。

图 8.28　"持续属性映射"卷展栏

其参数功能如下。

（1）"使用图层为映射"：选择一个图层作为粒子的映射层。

（2）"影响"：指定哪些粒子受选项的影响。粒子运动场根据粒子的属性指定包含的粒子或排除的粒子。

（3）"映射红色到"：属性映射中可以用层映射的红通道控制粒子的属性。粒子运动从红通道提取亮度值进行控制，并非将这些属性对所有颜色通道进行控制。

① "最小"：指定红色映射到的图层产生最小值，该值是一个黑色像素被映射的值。

② "最大"：指定红色映射到的图层产生最大值，该值是一个白色像素被映射的值。

（4）"映射绿色到"：属性映射中可以用层映射的绿通道控制粒子的属性。粒子运动场从绿通道提取亮度值进行控制。

① "最小"：指定绿色映射到的图层产生最小值，该值是一个黑色像素被映射的值。

② "最大"：指定绿色映射到的图层产生最大值，该值是一个白色像素被映射的值。

（5）"映射蓝色到"：属性映射中可以用层映射的蓝通道控制粒子的属性。粒子运动场从蓝通道提取亮度值进行控制。

① "最小"：指定蓝色映射到的图层产生最小值，该值是一个黑色像素被映射的值。

② "最大"：指定蓝色映射到的图层产生最大值，该值是一个白色像素被映射的值。

2. 短暂属性映射器

短暂属性映射器在每一帧后恢复粒子属性为初始值。例如，如果使用层映像改变粒子的状态，且动画层映像使它退出屏幕，那么每个粒子一旦没有层映像就马上恢复到原来的状态。

单击粒子运动特效窗口中"短暂属性影响"前的 ▷ 按钮，打开"短暂属性映射"卷展栏，如图 8.29 所示。

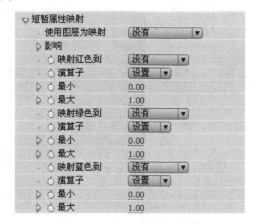

图 8.29 "短暂属性映射"卷展栏

短暂属性映射器调节参数与持续属性映射器相同,不同之处是短暂属性映射器可以指定一个算术运算增强、减弱或限制映像结果。该运算用粒子属性值和相对应的层映像像素进行计算。

(1)"设置":粒子属性的值被相对应的层映像像素的值替换。

(2)"加":使用粒子属性值与相对应的层映像像素值的合计值。

(3)"差别":使用粒子属性值与对应的层映像像素亮度值的差的绝对值。

(4)"减":以粒子属性的值减去相对应的层映像像素的亮度值。

(5)"乘":使用粒子属性值与相对应的层映像像素值相乘的值。

(6)"最小":取粒子属性值与相对应的层映像像素亮度值之中较小的值。

(7)"最大":取粒子属性值与相对应的层映像像素亮度值之中较大的值。

8.4 粒子运动实例

8.4.1 实例1——蜜蜂群舞

在设计制作中,制作一只小蜜蜂的位置运动是很简单的,通过关键帧动画即可实现,但如果要制作一群蜜蜂的运动动画,相对而言就比较复杂了,下面就通过粒子系统来制作一群蜜蜂的运动。

操作步骤如下。

(1)运行 After Effects,打开其工作界面。

(2)新建一个合成,设置尺寸为 640×480,时间长度为 5 秒,并将其命名为"万蜂群舞",单击"确定"按钮保存设置,如图 8.30 所示。

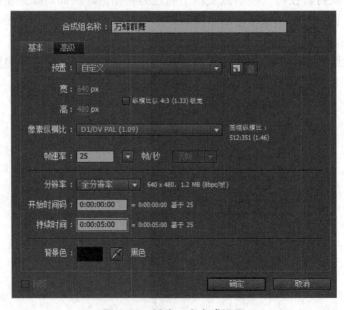

图 8.30 新建一个合成设置

（3）新建一个固态层，其大小与合成大小一致即可。

（4）选择"效果"→"模拟仿真"→"粒子运动"命令，此时移动播放头，可以看到有汩汩的粒子冒出，如图 8.31 所示。切记，播放头在 0 秒时是看不到效果的，必须移动播放头才行。

图 8.31　粒子冒出效果

（5）在特效控制台窗口中设置其基本参数，调整粒子发射方向和受到的重力情况，如图 8.32 所示。

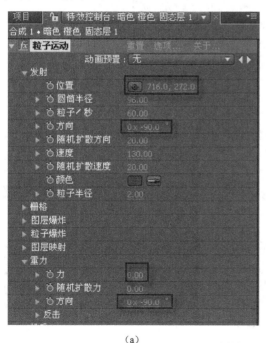

（a）

（b）

图 8.32　"粒子运动"参数设置

（6）导入素材"BEE.psd"，并将其拖曳到"时间线"窗口中。

下面将粒子替换成蜜蜂。设置"粒子运动"特效参数对话框中的"图层映射"，将映射层设定为"BEE.psd"，这时可以看到大批蜜蜂飞入画面，如图 8.33 所示。

(a)　　　　　　　　　　　　　　　(b)

图 8.33　粒子替换蜜蜂

注意：将"时间线"窗口中的"BEE.psd"图层的显示属性关掉，避免在合成窗口中显示。

（7）此时的蜜蜂过多，可根据画面所需，设置关键帧中的参数控制蜜蜂数量和速度，如图 8.34 所示。

（a）0 秒

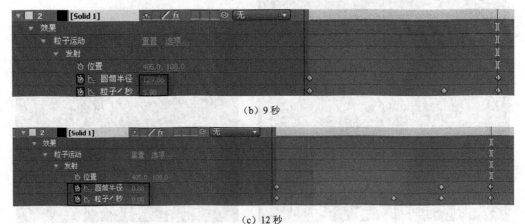

（b）9 秒

（c）12 秒

图 8.34　各时间点的参数设置

当播放头在 0 秒、9 秒和 12 秒时分别设置参数。

（8）此时，预览效果，一群蜜蜂由少到多，自右向左飞入画面。保存项目，输出渲染。

（9）刚才看到的是一群蜜蜂，所使用的蜜蜂是一张静态的图片，如果将静态图片换成动态的小动画，就会变成万兽奔腾的情景。

（10）导入素材"动物.mov"，并将其拖曳到"时间线"窗口中。设置"粒子运动"特效参数对话框中的"图层映射"，将映射层设定为"动物.mov"，其他参数保持以上设置不变。这时可以看到万兽奔腾的场景，如图 8.35 所示。

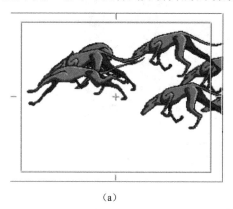 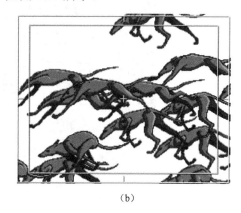

（a）　　　　　　　　　　　　　　　　（b）

图 8.35　效果图

在本例中，读者重点学会图层映射替换粒子的方法及"粒子运动"特效中各参数关键帧的配合应用。

8.4.2　实例 2——数字雨

在 8.4.1 节的粒子中使用的是画面替换粒子，如果用文本替换粒子，又会出现什么情况呢？这里将制作数字降落动画，然后通过重影和模糊滤镜处理产生拖尾的数字雨效果。

制作步骤如下。

（1）新建合成。选择"合成"→"新建合成"命令，弹出合成设置对话框，如图 8.36 所示。设置合成名称为"数字雨"，宽为 400 像素，高为 660 像素，持续时间为 5 秒。设置完后，单击"确定"按钮关闭对话框。

（2）在"时间线"窗口中新建一个固态层，并命名为"粒子"，大小与合成相同。

（3）右击"粒子"，选择"特效"→"仿真"→"粒子运动"命令，产生粒子系统。

（4）下面设置粒子参数。本实例中使用"发射（加农）粒子"发射器。在合成窗口中移动发生器位置到合成的正上方。

（5）打开"发射（加农）"折叠栏。将方向设为 180，使粒子向下发射；将圆筒半径设为 210 左右，增大粒子发射面积；修改"粒子/秒"为 85 左右的速度，增加单位时间的粒子发射数目；修改粒子颜色为草绿色；将随机扩散速度、随机扩散方向及速度 3 项参数皆设为 0，使粒子垂直下落。有关参数如图 8.37 所示，效果如图 8.38 所示。

图 8.36 合成设置对话框

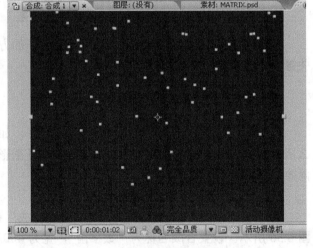

图 8.37 加农发射器参数设置　　　　　图 8.38 粒子效果图

（6）下面用文本替换粒子。在"特效控制"对话框中单击"选项"按钮，在弹出的"粒子运动场"对话框中单击"编辑发射文本"按钮，输入"1234567890ABCDEFG"等数字与字母。

（7）回到"发射（加农）"折叠栏，将字体尺寸设置为28。

（8）播放预览影片，发现数字下落速度较慢。下面调整重力属性，加快粒子速度。打开"重力"卷展栏，将力量设置为300，粒子效果基本完成。

（9）下面为粒子制作拖尾效果。可以使用"重影"特效。重影特效在层的不同时间点上合成关键帧，对前后帧进行混合，产生拖尾或运动模糊的效果。选择"特效"→"时间"→"拖尾"命令，重影特效的参数设置如图8.39所示。下面简单介绍各参数的含义。

图 8.39　重影特效的参数设置

①"重影时间"：以秒为单位控制两个反射波间的时间，负值在时间方向上向后移动，正值向前移动。绝对值越大，反射的帧范围越广。需要注意的是，一般情况下，只在前后几帧间进行融合，该数值不宜设置得过高。本例中使用默认值。

②"重影数量"：控制反射波效果组合的帧数，将其设置为 9，即产生 9 个单位拖影。

③"开始强度"：控制反射波序列中开始帧的强度，将其设置为 1。

④"衰减"：控制后续反射波的强度比例，将其设置为 0.8，使拖尾产生渐变效果。

⑤"重影操作"：指定用于反射的运算方式，选择添加方式。

（10）预览效果，保存项目。至此，制作已经完成，效果如图 8.40 所示。

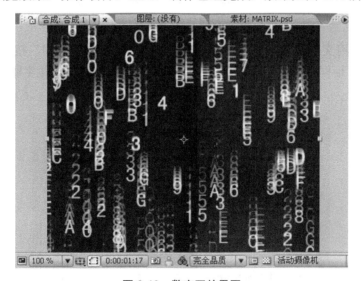

图 8.40　数字雨效果图

8.4.3　实例 3——数字滑落镜头设计

影片《黑客帝国》中数字滑落的镜头给观众留下了印象深刻，在此将结合前面讲过的粒子的有关知识，模仿电影效果，制作数字下落变幻为人体的壮观效果。

制作构思：首先，利用粒子特效制作数字下落的效果。然后将人物作为置换层，对粒子施加置换效果，调整参数，使粒子变形。最后应用拖尾和过渡特效分别产生数字拖尾和人物切换的效果。

制作步骤如下。

（1）导入素材"MATRIX.psd"，并将其拖曳到合成按钮■■上，产生一个合成，时间在 5 秒左右，并暂时关闭该层显示图标。

（2）在"时间线"窗口中新建一个固态层，并命名为"particle"，大小与合成相同。

（3）选中图层"particle"，选择"特效"→"仿真"→"粒子运动"命令。

（4）下面设置粒子参数。本例中选用加农粒子发生器。在合成窗口中移动发生器位置到合成预览窗口的正上方。

（5）设置参数如图 8.41 所示，粒子颜色设置为绿色。

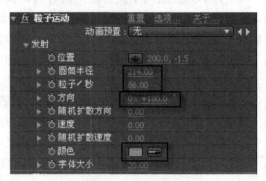

图 8.41　设置参数

（6）下面用文本替换粒子。在特效控制对话框中单击"选项"按钮，在弹出的"粒子运动"对话框中单击"编辑发射文字"按钮，随便输入一组数字即可，如图 8.42 所示。

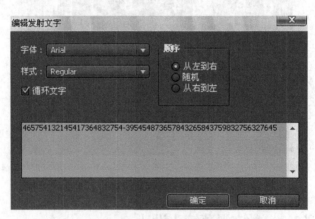

图 8.42　编辑发射文字

（7）将粒子大小设置为 20，播放影片，发现数字下落速度较慢。打开"重力"卷展栏，将"力"大小设置为 300，即加大重力，提高速度。

（8）利用特性映射来调整粒子。首先设置短暂属性映射。利用映像图的绿色通道影响粒子字符属性，产生文字自动变化的效果；利用蓝色通道缩放粒子，具体参数设置如图 8.43 所示。

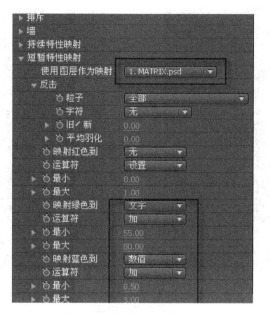

图 8.43　属性映射参数设置

（9）设置持续特性映射，首先需要导入映射图，导入素材"Particle Map.jpg"，并将其拖曳到"时间线"窗口中，关闭图层显示图标。

（10）设置持续特性映射，如图 8.44 所示。

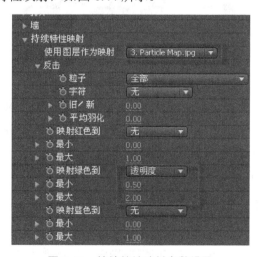

图 8.44　持续特性映射参数设置

（11）预览效果如图 8.45 所示。

（12）粒子效果基本完成。接下来制作粒子的人形轮廓。为层应用置换效果。选中固态层，选择"效果"→"扭曲"→"置换映射"命令。在下拉列表中选择层"MATRIX"。将水平和垂直方向的置换通道皆设为绿色。水平置换值设置为-5，垂直置换值设置为65，如图 8.46 所示。

(a)   (b)

图 8.45　效果

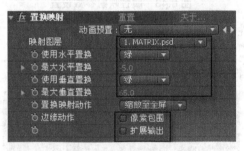

图 8.46　置换映射窗口

（13）下面为粒子制作拖尾效果。在制作拖尾效果之前，首先将该合成的三个图层进行预合成，选择"图层"→"预合成"命令，合并图层，选择"重组所有属性到新合成中"选项。然后选中该图层，选择"效果"→"时间"→"拖尾"命令，在层的不同时间点上设置不同的关键帧，对前后帧进行混合，产生拖影或运动模糊的效果，参数设置如图 8.47 所示。

（14）在粒子下落一会儿后，需要出现人物。将素材"MARTIX" 拖曳到"时间线"窗口中，注意层"MARTIX"应该在粒子层上方，打开该层显示图标。这里使用渐变切换来使人物出现，渐变切换可以根据指定层的亮度值实现逐渐显示的效果。渐变层中黑色部分最先透明，白色部分最后透明，中间的灰阶根据亮度值渐变透明。

右击层"MARTIX"，选择"效果"→"过渡"→"渐变擦除"命令。在渐变擦除下拉列表中指定渐变层"MARTIX"。"完成过渡"参数控制渐变层的填充程度，值为0%时，完全显示当前层画面；值为 100%时，完全显示切换层画面。在 3 秒位置将其设置为 100%，在 3 秒 15 帧位置将其设置为 0%。"柔化过渡"参数控制渐变层的柔和程度，将其设置为 45%，如图 8.48 所示。

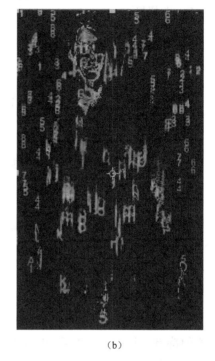

（a）

（b）

图 8.47 拖尾参数设置与效果

图 8.48 渐变擦除参数设置

（15）设置完毕后，预览效果，渲染输出，影片制作完成。

思考与练习

1. 填空题

（1）在粒子运动特效中，粒子的类型有加农、_____、网格、_____四种。

（2）在粒子运动特效中，粒子的贴图可以是静止的图像，也可以是_____，还可以是文字文本。

（3）墙壁是约束粒子移动的区域。用_____产生一个墙可以使粒子停留在一个指定的区域。当一个粒子碰到墙后，它就以碰墙的力度所产生的速度弹回。

2. 选择题

（1）破碎效果应该使用下列哪个特效实现？

    A. 粒子运动场；   B. 马赛克；

    C. 泡；   D. 碎片。

（2）用什么特效可以制作出电影《黑客帝国》中的文字流星雨效果？

    A. 数字特效；   B. Vegas 特效；

    C. 粒子运动场特效；   D. 只能借助第三方插件。

（3）在 After Effects 中，下面哪些特效属于仿真特效？

    A. 泡；   B. 卡片翻转；

    C. 焦散；   D. 辉光。

（4）在粒子运动特效中，粒子的物理状态受哪些因素的影响？

    A. 重力；   B. 排斥力；

    C. 墙；   D. 网格。

3. 简答题

190

（1）After Effects 提供的仿真特效有哪些？在这些特效中选择两种特效，详细阐述它们的特点及其在日常生活中的应用。

（2）结合本章内容及实训，试做出水波荡漾的效果。

（3）结合本章内容及实训，试做出烟雾弥漫、天顶破碎的效果。

第 **9** 章

After Effects 跟随动画设计

本章学习目标：
- ➤ 掌握 After Effects 中运动跟踪的类型；
- ➤ 了解 After Effects 中稳定的应用；
- ➤ 掌握表达式的应用。

在 After Effects 中，经常需要设计制作一个物体跟随另一个物体运动的动画，这种动画称为跟随动画，实现跟随动画的主要方法有父子关系、灯光或摄像机的绑定、跟踪技术及运动表达式的应用，前两种方法在前面章节已经讲过，本章重点讲解后两种方法。运动跟踪可以实现摄像机的前期拍摄和后期合成的运动跟踪技术，表达式的应用方法可以通过编程手段将关键帧的运动程序化，极大地提高了工作效率。

9.1 运动跟踪/稳定

运动跟踪是关键帧辅助工具中功能最强大的，使用方法简单、运用广泛的一个工具。运动跟踪的原理是以第一帧中选定区域里的像素为标准来记录后续帧的运动过程。例如，可以将一个燃烧的火球和一个运动的手持蜡烛的魔法师合成，运动跟踪通过跟踪蜡烛的运动轨迹，使火球与蜡烛的运动轨迹相同，以完成合成效果。即运动跟踪可以把实拍的素材与一些难以拍摄的素材合成在一起，使两个元素同步运动，该运动可以是位置、旋转，也可以是缩放。

运动跟踪还用于另外一种情况，假设在合成过程中选择了一段拍摄的动态视频片段，如航拍或在车船上跟拍的视频，即便摄像机本身非常稳定，但是视频图像的抖动也会比较厉害，这种情况下就需要指定与摄像机保持稳定关系的对象，通过跟踪指定的对象移动的运动路径来产生关键帧。将跟踪对象的位置坐标应用于图层，这样摄像机就可以相对于对象保持静止，这就是稳定。

After Effects 的运动跟踪工具主要有 5 种，即位置、旋转、位置加旋转、并行拐点及透视拐点。对于不同的运动类型，需要采取不同的跟踪方式，在有些情况下需要定义多个跟踪区域才能顺利完成。

9.1.1 设置运动跟踪

应用运动跟踪的基本条件为：合成图像中应该至少具备两个层：一个为跟踪目标层，另一个为连接到跟踪点的层。

应用运动跟踪的步骤如下。

（1）选中运用运动跟踪的目标层。

（2）选择"动画"→"跟踪运动"命令，打开跟踪控制面板，如图9.1所示。

（3）单击"追踪类型"旁边的三角形按钮，在其下拉列表中显示跟踪类型。系统共提供5种类型的跟踪，分别是稳定、变换、并行拐点、透视拐点和RAW，如图9.2所示。

（4）可以在运动跟踪窗口中定义跟踪区域，拖曳时间标记，设置入点和出点，可以定义追踪时间范围。在进行运动跟踪之前，定义一个跟踪范围，跟踪范围由两个方框和一个十字线构成，如图9.3所示。选择的跟踪类型不同，跟踪范围框数目也不同，可以在After Effects中进行一点跟踪、两点跟踪、三点跟踪和四点跟踪。

图9.1 跟踪控制面板　　图9.2 追踪类型下拉列表　　图9.3 跟踪范围

（5）跟踪范围框的解释，外面的方框为特征区域，里面的方框为搜索区域。跟踪点由十字线构成，追踪点与其他层的轴心点或效果点相连，当跟踪点完成后，跟踪结果会在图片层的相关属性上记录关键帧，通常在不改变轴心点的情况下，跟踪点与其他层的中心是相连的，跟踪点在整个跟踪过程中不起任何作用，它只用来确定其他层在跟踪完成后的位置情况。特征区域用于定义跟踪目标的范围，对影像进行运动跟踪时，要确保特征区域有较强的颜色或亮度特征，与其他区域有大的对比反差。在一般情况下，前期拍摄过程中，要设计好明显的跟踪特征物体，便于后期可以达到较好的合成效果。搜索区域用于定义下一帧的跟踪区域，搜索区域的大小与需要追踪的物体的运动速度有关，一般情况下，被追踪素材的运动速度越快，两帧之间的位移越大，这时搜索区域也跟着增大，此时要让搜索区域包括两帧位移所移动的范围。糟糕的是搜索区域的增大将带来跟踪时间增加的问题。

（6）当选择"变换"跟踪时，会显示"位置"、"旋转"和"缩放"选项，此时可以选择"位置"点追踪，也可以选择"旋转"两点追踪来进行旋转追踪。

（7）选择跟踪类型后，单击"设置目标"按钮设置施加目标，弹出"运动目标"对话框，如图 9.4 所示。可以将跟踪所得的参数赋值给一个层，也可以赋值给层上的一个特效。在"图层"下拉列表中可以指定连接到跟踪点的层。如果需要将跟踪连接到当前层的效果点上，可以选择"特效点控制"下拉列表中的效果点。

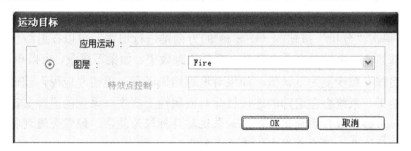

图 9.4 "运动目标"对话框

（8）单击跟踪控制面板中的"选项"按钮，弹出"运动跟踪选项"对话框，设置参数如图 9.5 所示。

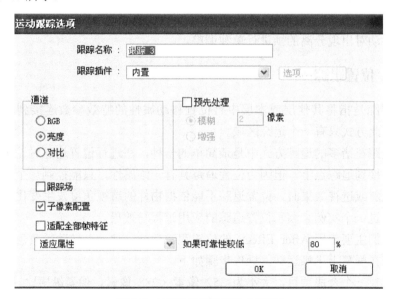

图 9.5 "运动跟踪选项"对话框

（9）在"跟踪名称"中设置名称后，还可以进行以下设置。

①"通道"：指定后续帧中追踪对象的比较方法。RGB 追踪影像的红、绿、蓝颜色通道；亮度在追踪区域比较亮度值；对比以饱和度为基准进行追踪。

②"预先处理"：可以进行追踪前的处理。可以在追踪前对影像进行模糊和锐化处理，以增强搜索能力。"模糊"指定追踪进行模糊的像素数，"模糊"仅用于追踪，追踪结束后，素材恢复为原来的清晰度；"增强"锐化图形的边，使其便于追踪。

③"子像素配置"：在特征区域中将像素分成更小的部分，在帧间进行匹配。划分得越小，追踪精度越高，但需要耗费大量的计算时间。

④"适配全部帧特征":当精度百分比低于指定的宽容度时,系统使用外推运动追踪隐藏对象的运动宽容度。例如,追踪一辆小汽车,在某一区域,被物体挡住,运动追踪器在汽车被挡住的帧中可以估算出车的位置。

(10)设置完毕,单击"OK"按钮。可以在追踪层窗口中设置入点和出点,以确定系统追踪影片的哪一部分。

(11)单击"分析"按钮 ◄ ◄ ► ► 的方向键进行追踪。可以在追踪窗口中看到追踪范围框随特征区域的变化而移动,观看追踪效果,如果不满意,可以单击"重置"按钮,将追踪参数恢复为默认值。如果对追踪结果满意,单击"应用"按钮,为目标应用追踪结果,系统会在追踪的连接目标对应属性上产生一系列的追踪关键帧。

注意:对影像进行运动追踪时,如果追踪目标较为复杂,经常会遇到特征区域离开追踪目标的情况,用户可用以下方法来解决。

(1)在"运动跟踪"对话框中,将开始分离位置设定为跟踪入点,调整跟踪区域及其他设置,对分离区域重新进行跟踪。

(2)加大搜索区域范围。

(3)提高跟踪精确程度。

(4)手动对出现分离的帧进行单独调整。

9.1.2 位置跟踪

位置跟踪是指将其他层或本层中有位置移动属性的特效参数连接到跟踪对象的跟踪点上,此方式只有一个追踪区域。

位置追踪在诸多的追踪方式中是最简单的一种,在进行位置追踪时,可以将一个层或效果连接到追踪点上,但因为位置追踪具有一维属性,只能控制一个点,所以当物体产生歪斜或透视效果时,位置追踪不能依据物件的透视角度发生变化。

下面通过一个实例来演示位置追踪的应用过程与效果。

这个实例主要应用 After Effects 的位置跟踪功能,使一朵转动的黄色花朵跟随闪光的五星花在屏幕上飞舞运动,操作步骤如下。

(1)新建一个合成项目,大小为 352 像素×288 像素,像素纵横比 1.0,帧速为25,时间为 9 秒,并将其命名为"飞舞的花朵"。

(2)导入两个素材"黄花.PSD"和"五彩缤纷五星花.AVI",并将它们装配到"时间线"窗口,素材摆放位置如图 9.6 所示。

(3)单击"黄花.PSD"图层,打开缩放属性设置界面,设置参数为 20%;让花朵旋转运动,打开其旋转属性,在 0 秒和 9 秒处的关键帧值分别设置为 0 度和 360 度。

(4)单击"五彩缤纷五星花.AVI"图层,选择"动画"→"跟踪运动"命令,打开跟踪控制面板,参数设置如图 9.7 所示。此时,合成项目窗口自动转换成"五彩缤纷五星花.AVI"图层视窗,并且出现了一个跟踪范围设置框,这种方式的跟踪也称为单点跟踪,如图 9.8 所示。

图 9.6 "时间线"窗口中层的摆放位置

图 9.7 跟踪控制面板

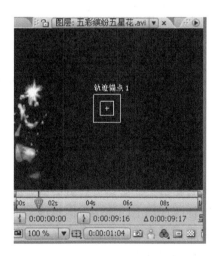

图 9.8 跟踪范围图层视窗

（5）将播放头移动到时间线的开头部分，作为入点，移动跟踪范围设置框在"五彩缤纷五星花.AVI"画面的亮点处，调整框范围，使亮点部分设定在范围之内。

（6）单击"分析"的播放按钮▶，此时图层视窗中的跟踪范围框紧紧跟随"五彩缤纷五星花.AVI"画面的亮点而运动，并生成运动路径，如图 9.9 所示。这时，"时间线"上的"五彩缤纷五星花.AVI"图层下自动产生跟踪的系列关键帧。

（7）单击跟踪控制面板上的"应用"按钮，跟踪产生的系列数据将施加给"黄花.PSD"图层。这时"黄花.PSD"图层下的位置属性栏自动生成系列关键帧，如图 9.10 所示。

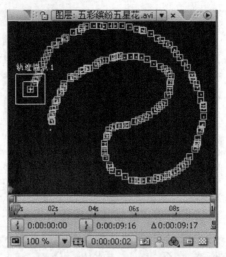

图 9.9　跟踪生成的运动路径

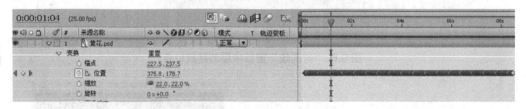

图 9.10　施加位置跟踪数据给黄花

（8）单击播放按钮或按小数字键盘上的 0 键预览效果，转动的黄花完全替代了运动的亮点，带领五星花在窗口中飞舞，实现了花的复杂运动效果。

9.1.3　旋转跟踪

旋转跟踪的原理是将跟踪对象的旋转方式复制到其他层或本层中具有旋转属性的特效参数上，旋转方式具有两个跟踪区域。角度的确定利用第一个特征区域到第二个特征区域轴上的箭头方向形成。通过两个跟踪区域相对位置的运动计算出对象旋转的角度，并将这个旋转角度赋予其他层的旋转属性，使其他层上的对象与被跟踪的对象以相同的方式旋转。

下面通过一个实例来演示旋转跟踪的应用过程与效果。

这个实例主要应用 After Effects 的旋转跟踪功能，使一只飞翔的小鸟追赶旋转的钟表指针，需要对指针的旋转进行追踪。操作步骤如下。

（1）导入素材"小鸟.gif"和"时钟.avi"，利用"时钟.avi"产生一个尺寸相同的合成项目。

（2）将"小鸟.gif"拖曳到"时间线"窗口中"时钟.avi"图层的上方，选择"效果"→"键控"→"颜色键"命令实现合理抠像，叠加效果。

（3）选择"小鸟.gif"，将其移动到钟表的左上侧，调整它的大小与旋转角度，如图 9.11 所示，并选择定位点工具，移动其轴心点到表盘正中心指针基底位置。

图 9.11　摆放效果图

（4）设置小鸟的循环动画，选中"项目"窗口中的"小鸟.gif"素材，单击鼠标右键，在弹出的快捷菜单中选择"解释素材"→"主要"命令，弹出"解释素材"对话框，设置"循环"参数为 4，如图 9.12 所示。然后拖动时间线中的"小鸟.gif"图层的出点，使它的长度与时钟素材的长度一致。

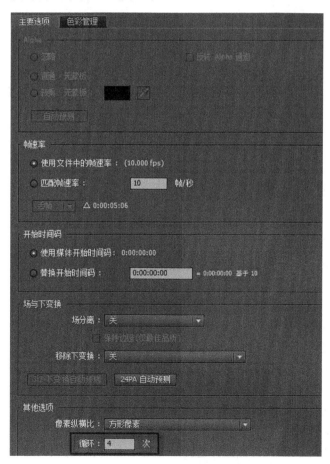

图 9.12　"解释素材"对话框

（5）选中"时钟.avi"图层，选择"动画"→"跟踪运动"命令，打开跟踪控制面板，参数设置如图 9.13 所示。

（6）在显示窗口中定义跟踪范围，将第一个追踪区域放在指针基底位置，将第二个追踪区域放在指针顶部位置，如图 9.14 所示。

图 9.13　跟踪控制面板

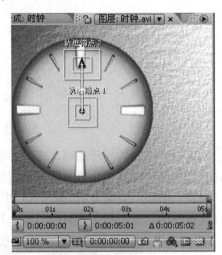

图 9.14　跟踪区域设置

（7）单击"分析"的播放按钮▶，此时图层视窗中的跟踪范围方框紧紧跟随指针的转动而运动，并生成运动路径，跟踪结束。如果跟踪不准，可反复调整范围框的大小。

（8）单击"应用"按钮，将跟踪结果应用到"小鸟图层"旋转属性上。

（9）点击播放按钮或按小键盘上的 0 键预览效果，此时，飞翔的小鸟追赶表的指针，实现旋转运动。

9.1.4　位置加旋转跟踪

位置加旋转跟踪结合了位置跟踪与旋转跟踪的特点，其基本原理为：定义两个跟踪区域，跟踪工具根据两个跟踪区域的相对位置移动计算出对象的位移与旋转角度，并将这个位移和旋转角度的值应用到其他层上，使其他层上的对象与被跟踪的对象以相同的方式运动。

下面通过一个实例来制作位置和旋转跟踪的应用过程与效果。

这个实例主要应用 After Effects 的位置加旋转跟踪功能，模拟大力士费劲地举起一辆汽车并且来回摇动，操作步骤如下。

（1）导入素材"汽车.psd"和"大力士.avi"，利用"大力士.avi"产生一个参数相同的合成项目。

（2）将"汽车.psd"图层拖曳到"时间线"窗口中"大力士.avi"图层的上方，并调整到合适的位置。

（3）选中"大力士.avi"图层，选择"动画"→"跟踪运动"命令，打开跟踪控制面板，参数设置如图 9.15 所示。

（4）在显示窗口中定义跟踪范围，将第一个跟踪区域放在左边点的位置，将第二个跟踪区域放在右边点的位置，如图 9.16 所示。

图 9.15　跟踪控制面板

图 9.16　定义跟踪范围

（5）单击"分析"的播放按钮 ▶，进行跟踪。跟踪结束，若没有问题，单击"应用"按钮，将跟踪结果应用到"汽车图层"位置和旋转属性上。

（6）单击播放按钮或按小键盘上的数字 0 键预览效果，此时，汽车跟随被举起物件的摇动而运动。

9.1.5　透视角度跟踪

透视角度追踪的原理是在被跟踪的素材上设定 4 个跟踪区域，同时跟踪素材上 4 个点的像素变化，在跟踪完成后，自动为跟踪时选定的层增加一个"边角固定"的特效，然后将跟踪结果记录到"边角固定"特效相应的效果参数上，因为是用 4 个点控制跟时选定的层，因此可以产生透视效果。利用透视跟踪可以制作出多种实用的动态效果。

下面制作一个实例来讲述透视角度追踪的应用过程与效果。

本实例主要应用 After Effects 的透视角度跟踪功能，使一段视频片段跟随书本的翻页而产生运动，操作步骤如下。

（1）导入素材"花.avi"和"翻书.avi"，利用"翻书.avi"产生一个参数相同的合成项目。

（2）将"花.avi"素材拖曳到"时间线"窗口中"翻书.avi"图层的上方。

（3）选中"翻书.avi"图层，选择"动画"→"跟踪运动"命令，打开跟踪控制面板，参数设置如图 9.17 所示。

（4）设置跟踪范围，分别将四个范围框移动到"翻书.avi"画面的四个点的位置，如图 9.18 所示。

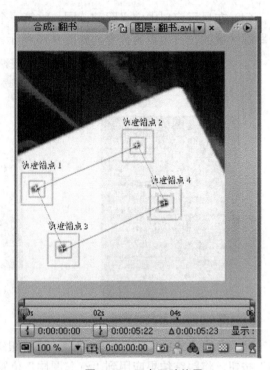

200

图 9.17　跟踪控制面板　　　　　　　　　　图 9.18　四点跟踪位置

（5）单击"分析"的播放按钮　，进行跟踪。跟踪结束，若没有问题，单击"应用"按钮，将跟踪结果应用到"花.avi"图层上。

（6）单击播放按钮或按小键盘上的数字 0 键预览效果，此时，"花.avi"画面被粘贴到"翻书.avi"画面上并跟随书本的翻页而运动，效果如图 9.19 所示。

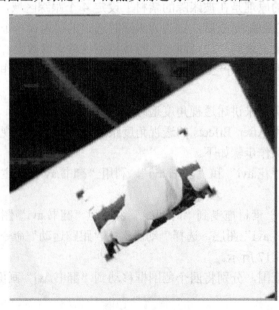

图 9.19　翻书效果画面

9.1.6 稳定

在实拍过程中，特别是航拍或在行驶的船上拍摄，经常会拍到一些颤抖镜头，这是由摄像机不稳造成的，可以使用运动稳定器对其进行平稳处理。

使用运动稳定器的方法：第一步，设定一个跟踪区域，这个区域通常是素材描述静止区域；第二步，对这个区域内的像素进行跟踪，得到这个区域的抖动情况；第三步，根据跟踪到的数据进行平稳处理。运动稳定器通过层本身的移动消除了不希望具有的运动。

应用运动稳定器的步骤如下。

（1）选择需要进行稳定的素材。

（2）选择"动画"→"稳定运动"命令，打开跟踪控制面板，如图 9.20 所示。

（3）在窗口中移动跟踪范围框，选择跟踪的区域。其中"位置"用于跟踪位置的移动，"旋转"用于跟踪方向的移动，位置与旋转用于全方位的跟踪，如图 9.21 所示。

图 9.20　跟踪控制面板

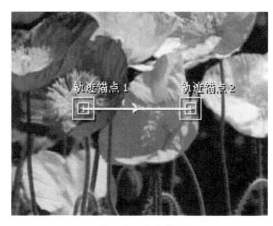

图 9.21　稳定范围框

（4）单击"分析"按钮，进行追踪，单击"应用"按钮，应用跟踪效果。稳定的操作方法与追踪是相同的。

9.2　表达式控制

当创建复杂的动画时，如车轮的旋转、蝴蝶或鸟的振翅，如果不想手动创建 10个或以上的关键帧，则可考虑使用表达式。利用表达式可以在层与层之间进行联动，利用一个层的属性影响其他层。例如，在一个图层中设置变换属性中的"旋转"关键帧，然后应用"投射阴影"特效，可以使用表达式将"旋转"属性的值与投射阴影的"方向"值联系起来，此时，投射阴影会随着图层的旋转而改变。

创建表达式有两种方法：一种是手工编写；另一种是利用"表达式拾取链"进行创建。

手工编写一般使用 JavaScript 或 After Effects 自带的表达式语言，相对"表达式拾取链"来说，其更容易、便捷一些。"表达式拾取链"是一种可以在"时间线"面板中拖曳、链接任何两个属性的工具，一旦将链条拖曳到特定属性上，表达式就会自动出现在"时间线"面板的表达式区域。通过读取"表达式拾取链"创建的表达式可以轻松地掌握表达式的语法和格式。使用该工具，只需将拾取链从一个图层拖曳到另一个图层上即可，然后在第一个图层中设置的动画会被复制到第二个图层中，免去了输入大量关键帧参数的麻烦。

使用表达式拾取链可以创建表达式、链接属性或特效值。例如，将图层 A 的旋转属性链接到图层 B 的旋转属性，使两个层的旋转属性值相同，如图 9.22 所示。

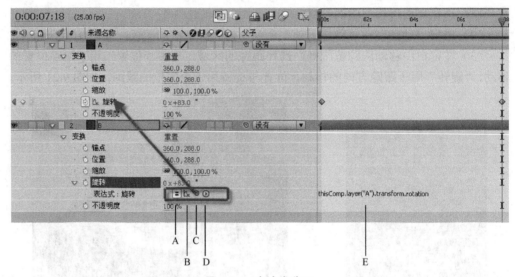

图 9.22　表达式选项

时间面板中表达式选项的参数说明如下。

（1）A：开关，用户可以决定是否使用表达式，当该图标处于 ≠ 时，不使用表达式。

（2）B：曲线图图标，决定动画值图和速率图。该按钮被激活后，系统显示表达式所控制的动画图表；不激活该按钮，则系统显示不受表达式控制的动画图表。

（3）C：拾取手柄，可以将一个层的属性（如变换属性或特效属性）链接到另外一个层的属性上，对其进行影响。

（4）D：表达式语言菜单，可以直接应用表达式语言列表中的语言符号并加入参数，修改表达式。

（5）E：表达式区域。

创建表达式的基本步骤如下。

（1）在"时间线"面板中选择一个图层的属性，然后选择"动画"→"添加表达式"命令，或者按住键盘上 Alt 键，将鼠标指针放到图层的属性前面的添加关键帧 按钮，单击即可出现表达式输入框。

（2）执行以下任意操作即可。

① 在已存在的文本上直接输入表达式。如果需要，可以使用表达式语言菜单或元素指导帮助输入属性、功能及常数。

② 将表达式拾取链拖曳到"时间线"面板中其他属性上或特效控制器窗口的一个特效选项上，如果需要，修改拾取结果。

（3）单击表达式区域外，激活表达式。

注意：如果表达式不被执行，After Effects 会显示错误信息并自动取消该表达式。在表达式旁边会出现一个黄色的警告图标，可单击该警告图标查看错误信息。

9.3 实例：放大镜效果制作

9.3.1 实训目的

在该实训中，通过使用表达式，将一个层的属性连接到另外一个层的属性上，对其进行影响，如变换属性或特效属性。

9.3.2 实训操作步骤

（1）导入素材"背景.avi"和"放大镜.psd"，利用"背景.avi"产生一个尺寸相同的合成项目。

（2）将"放大镜.psd"素材拖曳到"时间线"窗口中"背景.avi"图层的上方。

（3）选中"放大镜"层，选择工具，将该层的轴心点位置移动到镜片中心。打开位置属性关键帧记录器，为"放大镜"层产生运动路径（即沿着画面中螃蟹的运动路径）。

（4）选中"背景"层，选择"特效"→"扭曲"→"放大"命令，设置参数，如图9.23所示。

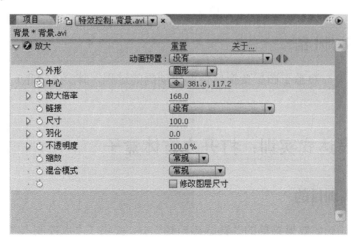

图 9.23 放大特效窗口

（5）在放大特效窗口中选择"中心"值，然后选择"动画"→"添加表达式"命令，为其加一个表达式。

（6）直接使用表达式拾取链◎拖曳到放大镜层的位置属性上，完成表达式的建立，如图9.24所示。

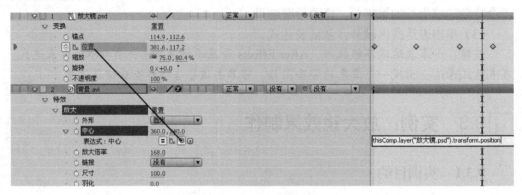

图9.24　完成表达式的建立

（7）按小键盘上的数字0键预览效果，此时，两个原本没有关系的对象建立了关系且同步了，即螃蟹的运动与放大镜的运动同步了，效果如图9.25所示。

图9.25　效果图

9.3.3　实训小结

通过本实训，熟悉了图层变换属性制作动画的过程，体会了 After Effects 强大的动画功能。

9.4　表达式实训：打开立方体盒子

9.4.1　实训目的

在 After Effects 效果菜单的"表达式控制"中，提供了"点控制"、"复选框控制"、"滑块控制"、"角度控制"、"色彩控制"、"图层控制"等多种控制方式，在此通过使用

"滑块控制"来制作一个立体盒子打开的动画片段，了解使用表达式控制的方法。

9.4.2 实训操作步骤

（1）新建一个合成，合成参数如图 9.26 所示。

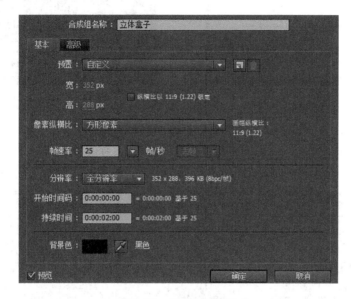

图 9.26 合成设置参数

（2）导入素材窗花 1～窗花 6，并将其拖动到"时间线"中。在时间线中，设置窗花 6 个图层的"缩放"值为 50%。打开这些图层的 3D 开关。

（3）分别设置 6 个图层的"定位点"和"位置"属性，如表 9.1 所示。图片的摆放效果如图 9.27 所示。

表 9.1 参数设置

	定位点（X, Y, Z）	位置（X, Y, Z）
窗花 1	50，50，0	160，135，0
窗花 2	50，0，0	160，160，0
窗花 3	100，50，0	135，135，0
窗花 4	50，100，0	160，110，0
窗花 5	0，50，0	185，135，0
窗花 6	0，50，0	235，135，0

（4）在时间线控制面板区域右击，新建一个"调节层"，选中该层，选择"效果"→"表达式控制"→"滑块控制"命令，打开效果控制面板，将其命名为"face2"，给"光标"参数添加关键帧，在 0 秒和 2 秒的位置分别设置参数值为−90 和 0。

用右击"face2"下的"光标"按钮，选择"编辑数值"，在弹出的对话框中设置参数如图 9.28 所示。该项设置主要是设置"光标"的变化范围和最大变化值。

图 9.27　图片的摆放效果

图 9.28　设置属性值

（5）选中图层"窗花2"，按R键，打开"旋转"属性设置界面，在按下 Alt 键的同时单击 X Rotation 属性前面的添加关键帧图标 ，为该属性添加表达式，直接使用表达式拾取链 拖曳到调节层的"光标"属性上，完成表达式的建立，如图 9.29 所示。

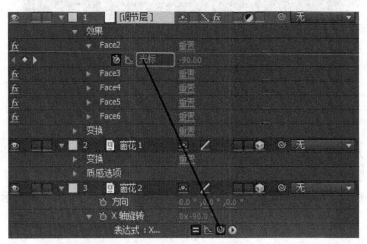

图 9.29　设置表达式拾取链

这时在 X Rotation 参数栏中添加了表达式 "thisComp.layer("调节层").effect("Face2")("光标")"。

（6）按照同样的方法，分别为"调节层"再添加"face3~face6"。设置"face3"光标属性在 0 秒和 2 秒处的关键帧分别为-90 和 0；"face4"光标属性在 0 秒和 2 秒处的关键帧分别为 90 和 0；"face5"光标属性在 0 秒和 2 秒处的关键帧分别为 90 和 0；"face6"光标属性在 0 秒和 2 秒处的关键帧分别为 90 和 0。

（7）为"窗花 3"图层的 Y Rotation 添加的表达式为：thisComp.layer("调节层").effect("Face3")("光标")。为"窗花 4"图层的 X Rotation 添加的表达式为：thisComp.layer("调节层").effect("Face4")("光标")。为"窗花 5"图层的 Y Rotation 添加的表达式为：thisComp.layer("调节层").effect("Face5")("光标")。为"窗花 6"图层的 Y Rotation 添加的表达式为：thisComp.layer("调节层").effect("Face6")("光标")。

（8）利用父子关系，设置"窗花 6"图层为"窗花 5"的子图层。不仅使"窗花 6"自身沿 Y 轴旋转 90°，而且跟随"窗花 5"在 Y 轴旋转 90°，这时才能正确地展开。

（9）在时间线上创建一个摄像机层，可以调整摄像机的位置与变焦，形成不同的对话效果，如图 9.30 所示。

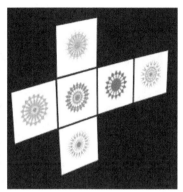

图 9.30　效果图

9.4.3　实训小结

通过本实训熟悉了表达式控制的类型及添加表达式的方法。在此没有详细讲到的其他表达式控制方法，希望读者自学领会。

思考与练习

1．填空题

After Effects 的运动追踪工具能够对 5 种不同方式的运动进行追踪，它们分别是_____、_____、_____、并行拐点、透视拐点。

2．选择题

（1）在 After Effects 中，进行运动追踪前，首先需要定义一个追踪范围，追踪范围由两个方框和一个十字线构成；根据追踪类型的不同，追踪范围框数目也不同，可以进行：

A．一点追踪；　　　　　　　　B．二点追踪；

C．三点追踪或四点追踪；　　　 D．没有数目限制。

3．简答题

运用表达式的优点是什么？

第 *10* 章

综 合 实 例

▼ 10.1　音乐小片头

10.1.1　设计目的

在影视片段的制作过程中，经常需要音画同步效果，即画面节奏与音乐同步，这种效果在音乐节目的包装中运用最多，一般可以通过关键帧的手动调节来实现，但这种方法烦琐而且效果不理想。实际上，在很多情况下通过表达式控制来操作，可以很方便且完美地实现画面与音乐节奏同步效果。

下面的实例将通过表达式控制来实现一个光、线条结合的舞动背景与劲爆的音乐节奏和谐旋律，构成一个音画同步的完美音乐节目小片头。画面中的光线、扬声器、摄像机等元素与音乐节奏和谐同步。本例中用到的特效之一为外部插件 Trap Code Particular，读者可从自行从网络中下载，按照外挂的安装方法安装该插件。

10.1.2　设计步骤

（1）双击"项目"窗口，导入素材"音乐.mp3"和"喇叭.tga"。

（2）将素材"音乐.mp3"拖曳到新建合成按钮上，创建一个 PAL 制合成。

（3）要想实现场景中画面与音乐同步，创建表达式连接是最好的方法。将音乐的波形转换成关键帧才能进行连接。选中层"音乐.mp3"，选择"动画"→"关键帧辅助"→"转换音频为关键帧"命令，可以看到，合成中产生一个新层，将该层重命名为"音频"。

（4）打开层"音频"的折叠开关，可以看到，效果下有 3 个属性，分别是左右声道和双声道。每个属性都自动产生了大量的关键帧，单击"图形编辑器"按钮 切换到图表模式，可以看出，关键帧是由音乐的波形构成的，如图 10.1 所示。

（5）音频关键帧转换完毕，接下来利用粒子系统开始制作背景光效。

（6）新建一个固态层，命名为"光线"，右击层"光线"，在弹出的快捷菜单中选择"效果"→"Trap code"→"Particular"命令，为其添加"Particular"特效，设置参数如图 10.2 所示。

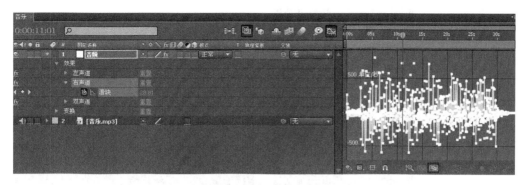

图 10.1 图表模式显示波形

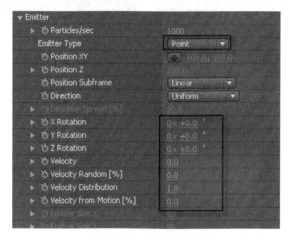

图 10.2 设置参数

（7）将粒子发射器的位置属性和音频关键帧用表达式连接在一起。选择层"音频"，按 U 键展开其动画属性。

（8）选择层"光线"，按 E 键展开特效，展开 Emitter。选择 Position XY 属性，按住 Alt 键的同时单击 Position XY 属性前面的添加关键帧按钮来添加表达式，或者采用菜单的方式也可以，将光标移到表达式的 按钮上，按住鼠标左键，拖曳连接线到层"音频"双声道的"滑块"属性上，使用混合声道来控制粒子位置。

（9）可以看到，粒子发射器端位于整个合成窗口的左上方，需要使其居中。下面为层"音频"双声道的"滑块"属性控制器添加表达式控制。选中"滑块"，选择"动画"→"添加表达式"命令来添加表达式或按 Alt+Shift+=组合键添加表达式控制。

（10）单击表达式工具栏中的 按钮，选择 Interpolation→Linear（t，tMin，tMax，value1，value2）命令，改变动画差值，这里使用线性差值，如图 10.3 所示。

（11）应用表达式后，激活表达式编辑栏，修改表达式。输入：linear（value，2，50，100，400）。可以看到，粒子居中了，如图 10.4 所示。

（12）为粒子添加抖动效果。打开"光线"的特效控制面板，展开 Particular 的 Physics 卷展栏，在这里为粒子设置外力影响，如重力、阻力、抖动等。展开 Air 下的 Turbulence Field 卷展栏，为粒子设定一个抖动的力场，如图 10.5 所示。

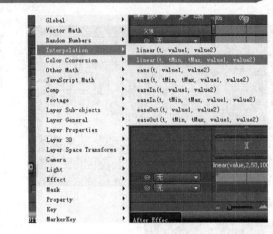

图 10.3　动画差值　　　　　　　　　　　图 10.4　粒子居中

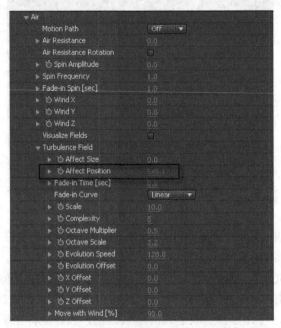

图 10.5　设置抖动力场

（13）选择 Affect Position 属性，为其添加表达式，并连接到层"音频"中"双声道"属性的"滑块"控制器上，可以看到，粒子随着音乐节奏开始抖动。

（14）创建一个 15mm 的摄像机。为"目标兴趣点"和"位置"属性添加表达式，并连接到层"音频"中"双声道"属性的"滑块"控制器上，如图 10.6 所示。

图 10.6　添加表达式

（15）在合成窗口中可以看到，粒子距离视点太近了，满眼都是白色的亮点，需要将摄像机的位置拉远一些。现在摄像机工具已经无法使用，需要修改表达式来拉远摄像机。激活"位置"属性的表达式编辑栏，在第一句的末尾添上"/5"，为摄像机位置做一个除法运算来拉远摄像机。

（16）现在来看看效果，粒子位置合适了。下面编辑粒子 Affect Position 属性的表达式，使运动更加剧烈。在表达式编辑栏中，在表达式的最后输入*5。

（17）为粒子做一些修改。选择层"光线"，切换到特效控制面板，将 Particles/sec 设置为"1000"，展开 Particles 卷展栏，将 Size 设置为"1"，Color 设置为"蓝色"，在 Transfer Mode 下拉列表中选择"Add"，如图 10.7 所示。

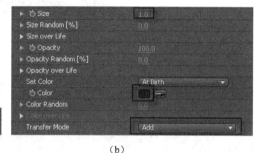

（a）　　　　　　　　　　　　　（b）

图 10.7　修改粒子

（18）在场景中增加一束光线。复制层"光线"，并改名为"光线 2"。

（19）选中"光线 2"的特效控制面板，将 Particles/sec 设置为"2000"，展开 Physics 卷展栏，展开 Air 下的 Turbulence Field 卷展栏，将 scale 参数设置为"20"，Octave Scale 设置为"1.7"。展开 Particles 卷展栏，Color 设置为"橙色"。

（20）在"时间线"窗口中打开"光线 2"的动画属性，在 Affect Position 属性的表达式中将"*5"改为"*10"。

（21）光线制作完毕，接下来在背景中加入气泡。复制层"光线 2"，并改名为"气泡"，打开层的特效控制面板。

（22）展开 Physics 卷展栏，将 Spin amplitude 设置为"150"，可以看到一条线被分散开，成为数量众多的圆形气泡。展开 Turbulence Field 卷展栏，将 scale 参数设置为"10"，octave scale 设置为"1.5"。

（23）在 Emitter 栏中将 Particles/sec 设置为"5"，展开 Particles 卷展栏，将 size 设置为"15"，Color 设置为"紫色"。将 Sphere Feather 参数设置为"0"，取消羽化，让粒子有清晰的边缘，并且调整 Opacity Random 参数为"100%"，让部分粒子透明。

（24）在"时间线"窗口中打开"气泡"的动画属性，在 Affect Position 属性的表达式中将"*10"删除，如图 10.8 所示。

（25）新建一个紫色固态层，和合成大小相同，放在最下层。绘制矩形遮罩，并设置较大的羽化，产生一个暗紫色的背景，背景光线制作完成，如图 10.9 所示。

（26）在影片中加入喇叭。在"项目"窗口中选择素材"喇叭"，将其加入合成，放在层"气泡"下方，激活三维开关，移动并旋转至图 10.10 所示的状态。

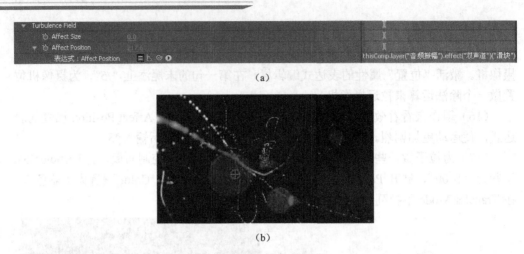

(a)

图 10.8　气泡效果

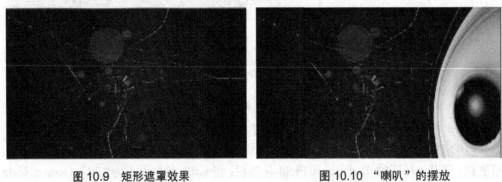

图 10.9　矩形遮罩效果　　　　　图 10.10　"喇叭"的摆放

（27）让喇叭跟随节奏变大或变小。按 S 键展开层"喇叭"的比例属性，添加表达式，并连接到层"音频"的双声道属性滑块控制器上。

（28）制作左边的喇叭，这个喇叭可以放置得远一点。选择层"喇叭"，按 Ctrl+D 组合键，创建副本，改名为"喇叭2"，并放在所有光线层的下方，如图 10.11 所示。

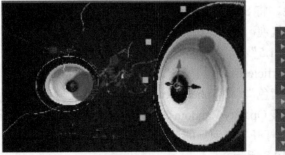

图 10.11　"喇叭"的摆放效果及层位置

（29）按 S 键展开层"喇叭"的比例属性，在表达式的后面加上"–30"，让喇叭缩小一点，如图 10.12 所示。

图 10.12　减小缩放范围

（30）在影片中加入字幕，选择文本工具 T，输入"Music"，激活文本层的三维开关，并移动到如图 10.13 所示的位置。注意在"时间线"窗口中将文本层的入点移到 26 秒。

（31）对文字做一些修饰。选中"文本层"，选择"图层→图层样式→渐变叠加"命令，设置一个从白色到紫色的渐变。

（32）选中"文本层"，选择"图层→图层样式→外侧辉光"命令，添加辉光。将颜色设置为红色，透明度为 100%，大小设置为 60。最终效果如图 10.14 所示。

图 10.13　文本的位置

图 10.14　外侧辉光效果

（33）对文本的单个字符制作动画，让字符随着音乐起舞。展开文本层，单击"动画"列表的"位置"按钮，注意在动画列表中"激活逐字 3D 化"选项，将字符属性转换为三维，如图 10.15 所示。

（34）在动画 1 的属性栏中单击"添加"下拉列表，选择"选择→摇摆"命令，为字符移动添加一个抖动控制，如图 10.16 所示。

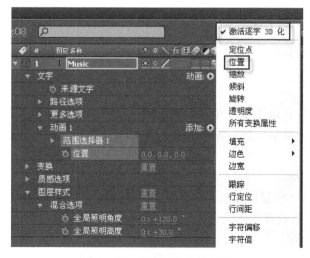

图 10.15　字符制作动画设置

图 10.16　抖动控制

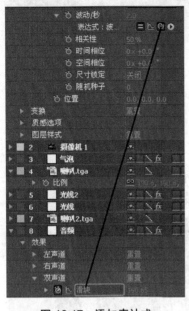

图 10.17　添加表达式

将"动画 1"下面的"位置"属性的 Z 轴参数设置为"400",现在可以看到,文本字符开始前后摆动,需要使其和音乐节奏同步,这里通过设置每秒的抖动次数来进行控制。

(35)展开"波动选择器 1",选中"波动/秒"单选按钮,添加表达式,并连接到层"音频"双声道的"滑块"属性上,如图 10.17 所示。

(36)注意和表达式连接以后"波动/秒"参数的变化,移动到 31 秒时,即音乐结束的位置,可以看到"波动/秒"参数为 100,需要使它在结束时为 0,这样即可停止抖动。下面来编辑表达式。

(37)激活表达式编辑栏,在语句最后输入"–100"。可以看到,"波动/秒"参数在音乐结束的位置变为 0,抖动停止,如图 10.18 所示。

(38)抖动结束后,可以发现文本字符仍有错位。下面进行调整:在音乐结束前 1 秒左右激活位置属性关键帧,到音乐结束时,将 Z 轴参数设置为 0。

○ 波动/秒
表达式:波…　　　hisComp.layer("音频").effect("双声道")("滑块")-100

图 10.18　表达式编辑

(39)跳动的字符制作完毕。

(40)保存项目,渲染输出效果,一段画面节奏与音乐同步的效果片头完成。

在这个实例中主要应用了音频转化关键帧命令及表达式的多次使用,希望读者体会并学会应用。

10.2　公益广告:保护环境　爱护地球

10.2.1　设计思路

在广告的设计过程中,画面与宣传语是不可缺少的两要素。本广告设计由三个分镜头组成,可以按照分镜头的设计分别进行制作,最后进行三个分镜头的片段连接即可。

(1)第一个分镜头:神秘的地球。

利用遮罩实现一个金色的地球逐渐显现出来,一串发光粒子扫过,字幕"神秘的地球"5 个文字逐字进入,利用光效设置动态的文字扫光效果。

(2)第二个分镜头:负重的地球。

目前地球的现状,拥挤的马路、忙碌的人群、污染的环境、污浊的空气,造成地球被破坏的四组画面通过蒙版进行抖动显现，随着宣传语的放大隐去，一行"不堪重负的地球"围绕地球旋转进入。

（3）第三个分镜头：呵护地球。

在绿色的环境下，宁静的城市、盛开的鲜花、美丽的田园和蓝色的海洋等画面和文字交替移动，与第二个分镜头形成鲜明对比，彩光掠过画面，在文字移去后，多彩的背景前，一双捧着金色地球手的徐徐升起，"保护环境 呵护地球" 8 个文字出现，点明主题，环境闪耀的光从上到下流动而过。

10.2.2　设计步骤

▶ 1. 分镜头 1：神秘的地球

（1）选择"图像合成"→"新建合成组"命令，创建一个新的合成项目，设置该合成项目窗口的大小为"352×288"，帧速为"25"，时间为"10:00"，并将其命名为"分镜头 1"，如图 10.19 所示。

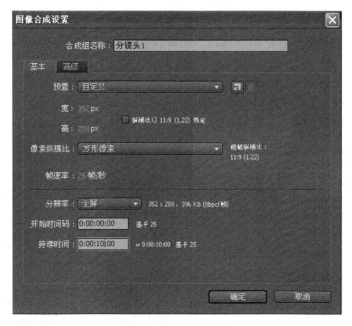

图 10.19　新建合成

（2）导入"星空.avi"和"地球.avi"两个素材。

（3）将"星空.avi"和"地球.avi"两个素材拖曳入"时间线"窗口，"地球.avi"素材放在上层并选中它，然后用路径工具绘制圆形路径，使金色地球显露出来，其他地方被遮罩掉。

设置"地球.avi"图层的"比列"属性在 1 秒和 4 秒处的动画关键帧值分别为 0 和 80；设置"地球.avi"图层的"透明度"属性在 1 秒和 4 秒处的动画关键帧值分别为 0 和 100，如图 10.20（a）所示。这样一个金色地球在星空背景中逐步放大显示出来。

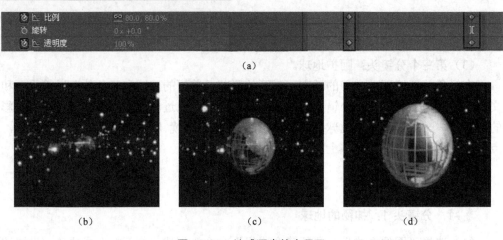

(a)

(b)　　　　　　　　(c)　　　　　　　　(d)

图 10.20　地球逐步放大显示

（4）导入"星光.avi"修饰素材并拖曳入"时间线"窗口，设置"星光.avi"图层的混合模式为"屏幕"，复制"星光.avi"图层一次，拖曳这两个"星光.avi"图层在时间线上的起点位置分别为 3 秒和 6 秒处。

（5）用文字工具在合成窗口输入"神秘的地球"文字，文字属性设置如图 10.21 所示。

（6）选中"T 神秘的地球"文字图层后，双击"效果和预置"面板下的"动画预置|文字|动画（入）"文件中的"逐字旋转入"，如图 10.22 所示。这样，为文字图层增加了从窗口旋转飞入的动画效果。

图 10.21　文字属性设置

图 10.22　"逐字旋转入"动画

（7）继续为"T 神秘的地球"文字图层添加 Shine 特效滤镜。该滤镜可使文字产生扫光效果，其属性参数详细设置如图 10.23 所示。本例中 Shine 特效是一个外挂插件，读者可自行到网络中下载并安装使用。

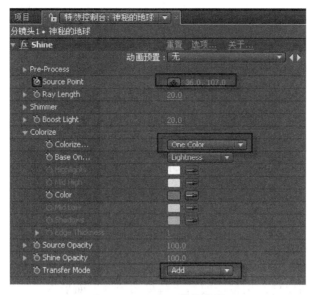

图 10.23　Shine 特效设置

其中，Source Point（发光点位置）属性在 3 秒和 6 秒处的关键帧值分别为（36，108）和（310，110），即发光点从文字左边扫到文字右边。

拖曳"T 神秘的地球"文字图层在时间线上的起点位置为 3 秒处，让文字在第 3 秒钟时才进入，在合成窗口中，在金色地球旋转的画面前，一行"神秘的地球"文字从左方旋转飞入，蓝色的发光从文字左边扫到右边。

（8）继续导入"粒子.avi"和"粒子 1A.avi"两个视频素材，将"粒子.avi"和"粒子 lA.avi"两个视频素材拖曳入"时间线"窗口，"粒子.avi"素材放在"粒子 lA.avi"素材的下面，并将两个图层的起点均拖曳到 6 秒处。设置"粒子.avi"图层的"轨道蒙版"模式为"亮度蒙版"，这时就看到彩色的粒子动画叠加到了下面的图层中。

此时，"时间线"窗口上的图层排列如图 10.24 所示。

图 10.24　图层排列

（9）预览分镜头 1 的效果，如图 10.25 所示。

2．分镜头 2：负重的地球

（1）选择"图像合成"→"新建合成组"命令，创建新的合成项目，设置该合成项目窗口的大小为"352×288"，帧速为"25"，时间为"10:00"，并将其命名为"文字"。

图 10.25　预览分镜头 1

（2）利用文字工具在窗口中输入"拥挤的道路"白色文字，使文字处于左上角的位置。

选中该文字图层后，用鼠标双击"效果和预置"面板下的"动画预置"→"文字"→"比例"下的"放大消逝"，如图 10.26 所示。这样，为文字增加了逐步放大飞出的动画效果。

图 10.26　动画预置

（3）用同样的方法，继续输入"忙碌的人群""浑浊的空气""拥挤的道路"等文字，为这些文字图层添加"放大消逝"的动画效果，让这些文字分别处于窗口的四角。将这些文字图层在时间线上的起点位置稍稍拉开，以便错开文字出现与飞出时间。

（4）用鼠标在时间线上单击，创建一个固态层并取名为"路径文字"。为该图层添加"旧版本"→"路径文字"滤镜并输入"不堪重负的地球"7 个文字。设置"路径文字"滤镜的属性如图 10.27 所示。

其中，"左侧空白"属性在 1 秒和 2.5 秒处的关键帧值分别为−340 和 1000，这一设置将使文字在圆形路径上产生旋转动画，目的是让文字围绕地球旋转。

设置该图层的"比例"属性在 25 秒和 35 秒处的关键帧值分别为 100 和 260；设置"透明度"属性在 2.5 秒和 3.5 秒处的关键帧值分别为 100 和 0。这将使文字逐步被放大并淡出。将该文字图层在时间线上的起点拖到 2 秒处。此时，时间线上的图层排列如图 10.28 所示。

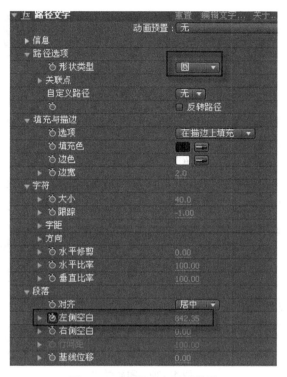

图 10.27　路径文字属性设置

1	路径文字
2	浑浊的空气
3	污染的环境
4	忙碌的人群
5	拥挤的道路

图 10.28　时间线上的图层排列

（5）新建一个合成，选择"图像合成"→"新建合成组"命令，再创建一个新的合成项目，并将其命名为"分镜头 2"。

（6）导入"地球 2.avi"、"边框.avi"和"蒙版 avi"3 个素材。"蒙版.avi"是一个全白的图形上下左右抖动的视频素材，而"边框.avi"则是一个白色边框上下左右抖动的视频素材。可以将"蒙版 avi"素材作为遮罩层，使下层的图形动态显示在上下左右抖动的白色区域中，同时用"边框.avi"素材围绕在抖动的图形四周，从而得到图形在白色边框中抖动的效果。

（7）将"地球 2.avi""边框.avi"和"蒙版 avi"和"空气.avi"4 个素材拖曳入"时间线"窗口，"地球 2.avi"素材放在最下层作为背景，"边框.avi"、"蒙版 avi"和"空气.avi"3 个素材按照由上到下的顺序放在其上面。

（8）分别设置"边框.avi"和"蒙版 avi"图层的"比例"属性为 41% 和 43%；设置"空气.avi"图层的融合模式为"屏幕"，并将这两个图层设置为"空气.avi"图层的子图层；设置"空气.avi"图层的"轨道蒙版"模式为亮度蒙版，如图 10.29 所示。

图 10.29　图层设置

（9）移动"空气.avi"图层的位置到窗口的左上角，由于"边框.avi"和"蒙版 avi"图层被设置为"空气.avi"图层的子图层，因此"边框.avi"和"蒙版 avi"图层也同时被移动到窗口的左上角。

（10）按照同样的设计方法，将"人群"、"污染"和"空气"4 段视频也用"边框.avi"和"蒙版 avi"图层图形进行遮罩设置，并将这些图层及其配合的图层在时间线上的起点往后移动一点，以便错开 4 段视频出现的时间，设置如图 10.30 所示。

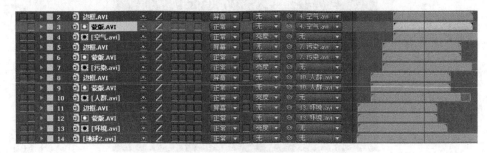

图 10.30　图层摆放

（11）将"文字"合成拖曳入"分镜头 2"合成项目中并放在第一层，拖曳"文字"图层的起点到 3 秒处。

（12）预览分镜头 2 的效果，如图 10.31 所示。

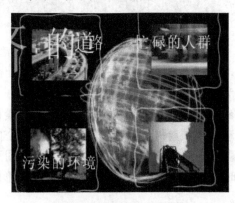

图 10.31　分镜头 2 的效果

3. 分镜头 3：保护环境　呵护地球

（1）选择"图像合成"→"新建合成组"命令创建个新的合成项目，设置该合成项目窗口的大小为"352×288"，帧速为"25"，时间为"5:00"，并将其命名为"美好"。

（2）导入"绿色背景.avi"和"城市.avi"两个素材。

（3）将两个素材拖曳入"时间线"窗口，"绿色背景 04.avi"素材放在最下层作为背景。

（4）设置"城市 avi"图层的"比例"属性在 0 秒和 1.5 秒处的关键帧值分别为 10 和 80，即图形被逐渐放大；设置"透明度"属性在 0 秒和 1.5 秒处的关键帧值分别为 0 和 100，即图形逐渐显露。

设置图层"位置"属性在 1.5 秒、2 秒、2.5 秒和 3.5 秒处的关键帧值分别为（176，144）、（100，80）、（100，80）和（264，210），即让"城市 avi"图形在 1.5 秒到 3.5 秒期间从窗口中间移动到左上角，再移动到右下角，属性设置如图 10.32 所示。

图 10.32　属性设置

（5）将"鲜花.avi"、"海洋.avi"和"风光.avi"3 个视频素材导入并拖曳到时间线上。用与设置"城市"图层相同的方法设置"鲜花"、"海洋"和"风光"3 个图层的"比例"属性、"透明度"属性和"位置"属性的动画关键帧，只是"鲜花"、"海洋"、"风光"和"城市"4 个画面的位置产生交错的运动。

（6）导入"黄线运动.avi"素材到时间线上，该素材可使画面产生几道黄色光束掠过的修饰效果。设置"黄线运动.avi"图层的融合模式为"添加"，并拖曳该图层的起点到时间线的 2 秒处，使黄色光束在 2 秒钟时才产生。

（7）用文字工具在窗口输入"盛开的鲜花"5 个文字，使文字处于窗口左上角。选中该文字图层后，用鼠标双击"效果和预置"面板下的"动画预置"→"文字"→"动画（入）"下的"从左逐字飞入"。这样，为文字图层增加了从窗口左边逐字飞入的动画效果，如图 10.33 所示。

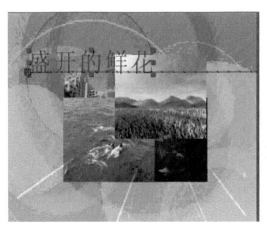

图 10.33　动画预置

设置该文字图层的"位置"属性在 4 秒和 5 秒处的关键帧值分别为（30，80）和（360，80），即让文字在 4 秒钟后从窗口右边移出。

（8）用同样的方法输入"宁静的城市"、"美丽的田园"和"清澈的海洋"等文字，为这些文字图层添加动画效果并设置它们的"位置"属性关键帧，让这些文字动画飞入并在 4 秒钟后从窗口移出。

此时，时间线上的图层排列如图 10.34 所示。

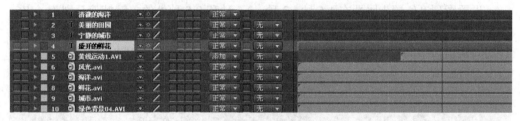

图 10.34 时间线上的图层排列

（9）选择"图像合成"→"新建合成组"命令，创建新的合成项目，设置该合成项目窗口的大小为"352×288"，帧速率为"25"，时间为"5:00"，并将其命名为"呵护"。

（10）导入"左手.psd"、"地球 1.avi"两个素材。

（11）将"左手.psd"素材拖曳入"时间线"窗口，设置其"比例"属性参数为40；设置其"位置"属性参数在 0 秒和 1 秒处的关键帧值分别为（190，350）和（202，210），即将左手缩小到40%并在 1 秒钟时间内从窗口底部逐步上升到窗口中间稍左位置。

（12）为"左手.psd"图层添加"贝塞尔弯曲"滤镜。"贝塞尔弯曲"滤镜通过调整围绕在图形边缘的贝塞尔曲线来改变图形的形状。当为图层添加"贝塞尔弯曲"滤镜时，在图层四周的各个顶点和边缘将产生 12 个调整的控制点，拉动控制点可以调整该点的位置，拖曳每个点两边的手柄则可以调整图形边缘的弯曲程度，从而把图形调整成所需的形状。设置各个点的调整关键帧，则产生图形动画变形效果。

（13）将时间指示头拖曳到 0 秒和 1 秒位置时，通过添加关键帧，形成使左手逐步平展开来的动画，各参数设置如图 10.35 所示。

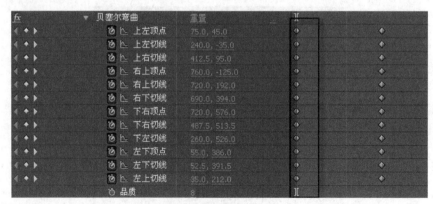

（a）0 秒时参数设置

（b）1 秒时参数设置

图 10.35　0 秒和 1 秒时参数设置

（14）复制"左手.psd"图层并更名为"右手.psd"图层；更改"右手 psd"图层的
"比例"属性为（-40，40），使图层反向，从而
获得对称的一双手，如图 10.36 所示。

（15）将"地球 1 .avi"素材拖曳入"时间
线"窗口，设置其"位置"属性在 0 秒和 1 秒
处的关键帧值分别为（178，260）和（178，100），
即地球图形在 1 秒钟时间内从下部上升到窗口
中间部位。设置"比例"属性在 0 秒和 1.5 秒处
的关键帧值分别为 60 和 90，即地球图形在 1.5
秒钟时间内逐步放大。

图 10.36　对称的一双手

（16）用路径工具绘制一个圆形遮罩包围住
地球，并设置遮罩的羽化度为 10，使得地球素材仅显示出中间的球体。

（17）为"地球 1.avi"图层添加"辉光"滤镜，其属性设置如图 10.37 所示。

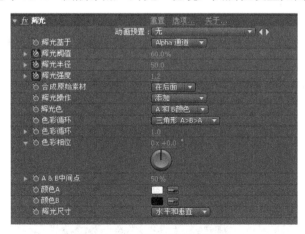

图 10.37　"辉光"滤镜设置

（18）其中，"辉光阈值"属性在 0 秒和 3.5 秒处的关键帧值分别为 0 和 60；"辉
光半径"属性在 2 秒和 3.5 秒处的关键帧值分别为 0 和 50；"辉光强度"属性在 0 秒

和 3.5 秒处的关键帧值分别为 0 和 1.2。这些设置将使地球在 2 秒钟开始逐步发出白色光辉。

（19）用文字工具直接在窗口中输入"保护环境 呵护地球"8 个文字，文字的字体、颜色及大小设置如图 10.38 所示。

（20）按照前面所讲的操作为其设置"从左逐字飞入"动画效果，为"保护环境 呵护地球"图层添加文字动画，使文字从窗口左边逐步飞入。

（21）预览效果，如图 10.39 所示。

图 10.38　文字属性设置

图 10.39　效果

（22）新建一个合成，选择"图像合成"→"新建合成组"命令，再创建一个新的合成项目，并将其命名为"分镜头 3"。

（23）将"美好"和"呵护"两个合成项目拖曳到"分镜头 3"合成窗口中，并导入"多彩背景 1.avi"和"星光 02.avi"两个视频素材。

（24）将"多彩背景 1.avi"素材放在"时间线"窗口最下层作为背景，将"星光 02.avi"素材放在"时间线"窗口的最上层作为修饰，并设置"星光 02.avi"图层的融合模式为"添加"。

（25）选中"美好"图层，选择"效果"→"过渡"→"线性擦除"命令，添加转场过渡滤镜，其参数设置如图 10.40 所示。

其中，"完成过渡"属性在 4 秒和 7.5 秒处的关键帧值分别为 0 和 100，表示转场在此期间完成，角度为 0，表示从下到上擦除。

图 10.40　"线性擦除"设置

（26）拖曳"呵护"图层的起点到时间线的 5 秒位置，拖曳"星光 02.avi"图层的起点到时间线的 8 秒处，设置该层的图层混合模式为"添加"，如图 10.41 所示。

图 10.41　图层的摆放

▶4．合成制作

下面将 3 个分镜头进行合成。

（1）新建一个合成，选择"图像合成"→"新建合成组"命令，再创建一个新的合成项目，时间为 25 秒，其他参数与前面的一样，并将其命名为"合成"。

（2）将分镜头 1、分镜头 2 和分镜头 3 三个合成项目拖曳到时间线的合成中，为分镜头 1 添加"径向擦除"转场过渡效果，该特效的属性设置如图 10.42 所示。

图 10.42　"径向擦除"转场过渡

其中，"过渡完成量"属性在 8 秒和 9.5 秒处的关键帧值分别为 0 和 100，表示转场在此期间完成，"划变"选择"二者都有"，表示辐射擦拭为双向进行，这将使分镜头 1 在第 8 秒钟开始被双向辐射擦除而让分镜头 2 从下到上逐步显露出来。

（3）选中"分镜头 2"图层，双击"效果和预置"面板下的"动画预置"→"过渡转场（划变）"→"网格划变"，为该图层添加系统预置的网格转换滤镜，如图 10.43所示。这将使分镜头 2 呈网格变换而过渡到分镜头 3 的画面。

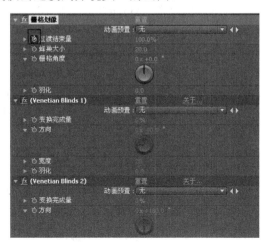

图 10.43　"网格划变"转场

注意调整"过渡结束量"参数，实现两个镜头的合理转换。

（4）拖曳"分镜头2"图层的起点到时间线的7.5秒处；拖曳"分镜头3"图层的起点到时间线的15秒处。各分镜头在时间线上的摆放如图10.44所示。

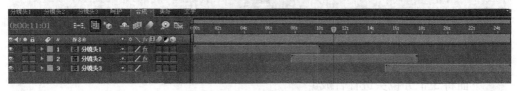

图 10.44　各分镜头的摆放

（5）按小键盘上的0键，预览效果，此时，在合成窗口中从分镜头1的神秘的地球画面逐步过渡到分镜头2的负重的地球画面，然后网格转场到分镜头3的呵护地球画面。存储并渲染输出文件。

10.3　水墨神韵

10.3.1　设计思路

水墨动画是具有中国特色的动画的基本表现形式，在After Effects应用中有一组制作水墨风格的外挂滤镜，本实例通过水墨风格为汽车做一段广告，使汽车的运动与国画的泼墨技法相结合，流畅地勾画出一幅写意山水画，既表明中国元素，又展现出一种气势磅礴的动感，给人一种全新的感受。这个广告主要由五个分镜头组成，可以根据分镜头的设计分别进行制作。

10.3.2　设计步骤

1. 分镜头1：侧面泼墨

（1）导入素材，将除了"Movie"和"Music"之外的所有素材全部导入"项目"窗口中。

（2）将素材序列图片"CARA"拖曳到新建合成图标，新建一个合成，将该合成改名为"分镜头1"。

（3）在合成中新建一个深蓝灰色的固态层，命名为"背景"，放在汽车层下面。

（4）在"背景"层上绘制一个椭圆形遮罩，并反转，调高羽化值，注意将合成的背景颜色设置为白色，如图10.45所示。

（5）制作泼墨效果，在合成中新建一个固态层，命名为"墨迹"，放在汽车和背景层之间。

（6）在层"墨迹"上创建一个不封闭路径，如图10.46所示。

（7）选中"墨迹"层为其施加特效，选择"效果"→Trapcode→3D Stroke命令，实现三维描边效果，设置参数如图10.47所示。

（8）设置描边动画，将时间指示器拖曳到5帧位置，激活End参数的关键帧记录器，将其设置为 0，将时间指示器拖曳到结束位置，将其设置为 100。

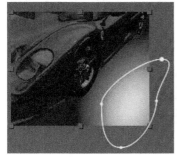

图 10.45　椭圆形遮罩

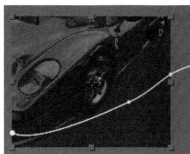

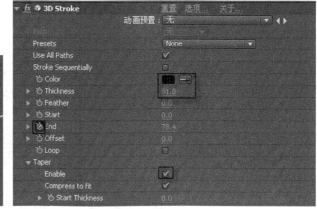

图 10.46　不封闭路径　　　　　　**图 10.47　3D Stroke 特效**

（9）产生墨迹效果。选择"效果"→Sapphire Distort→S-WarpBubble 命令，S-WarpBubble 特效可以在影片中产生随机腐蚀边缘的效果。将 Amplitude 参数设置为 0.19，它控制边缘腐蚀的强度。将 Octaves 设置为 8，产生更为复杂的边缘，如图 10.48 所示。

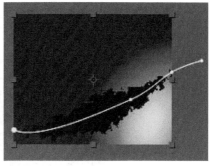

图 10.48　S-WarpBubble 特效

（10）墨迹效果调整完毕，接下来存储这个特效，以便在后面使用，只需做简单的修改即可。在"效果和预置"面板中单击右下方的"新建动画预置"按钮■，在弹出的对话框中为特效模板命名"墨迹"，存储为.ffx 文件。存储以后，在该特效的"动画预置"下拉列表中出现存储的特效模板，选择即可应用，如图 10.49 所示。

图 10.49　特效模板

（11）对汽车的颜色进行调整，使其更符合整个影片水墨写意的意境。选中层"CARA"，选择"效果"→"色彩校正"→"色相/饱和度"命令和"曝光"命令，调整汽车的色相、降低饱和度、提高曝光强度，效果如图 10.50 所示。

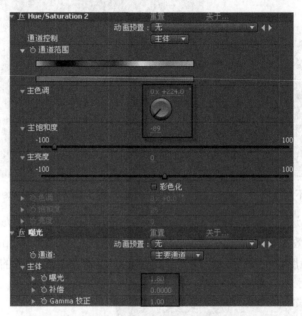

图 10.50　"色相/饱和度"和"曝光"特效设置

（12）为汽车产生一个阴影。选中层"CARA"，选择"效果"→"透视"→"阴影"命令，参数设置如图 10.51 所示。

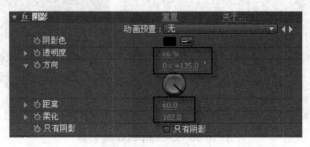

图 10.51　阴影特效

（13）在真实世界中，当物体快速运动时，会根据速度快慢产生不同程度的模糊效果，称为运动模糊。而现在的影片中，汽车轮子在高速转动时，并没有运动模糊现象产生，比较假，所以有必要为其产生一个运动模糊效果。在后期合成软件中产生运动模糊效果的工作效率要远远高于在三维软件中打开运动模糊，这也是在渲染动画时没有使用运动模糊的原因。

（14）通过一个插件来产生运动模糊效果。右击层"CARA"，选择"效果"→RE：Vision Plug-ins→ReelSmart Motion Blur 命令。

RevisionFX 出品的 After Effects 运动模糊效果插件能自动地给连续镜头增加更为自然的运动模糊效果，在它的核心使用了专有的填充和跟踪技术，因此不需要复杂的手工操作。当然，也可以在需要时增加一些或更多的模糊效果甚至移除运动模糊。总之，可以用它创作出非常真实的运动模糊效果。

（15）将 Blur Amount 参数调为 1，提高运动模糊强度，轮胎产生运动模糊效果。

第一组分镜头制作完毕，其中比较重要的知识点就是 S-WarpBubble，主要利用它来产生墨迹的效果，在后边的分镜头中还将进一步学习。

2. 分镜头 2

本组分镜头是汽车的正面特写，伴随半圆的泼墨效果。

（1）以素材"CARSTILL"产生一个合成，改名为"分镜头 2"，长度为 1 秒，选择层"CARSTILL"，将其向右移动一点。

（2）切换到"分镜头 1"，按 F3 键展开其特效控制对话框，选择"色相/饱和度"特效和"曝光"特效，按 Ctrl+C 组合键复制特效，切换回"分镜头 2"。选择层"CARSTILL"，按 Ctrl+V 组合键粘贴特效。可以看到，调色效果被应用到目标层上。

（3）在合成中新建一个灰蓝色的固态层，命名为"背景"，并绘制路径，设置其参数如图 10.52 所示。

（a）

（b）

图 10.52 绘制路径并设置其参数

（4）制作墨迹效果。和分镜头1的泼墨效果有所不同，需要制作一个半圆形状的墨迹书写效果。下面将通过S-WarpBubble特技结合轨道蒙版来实现最终的效果。

（5）在"项目"窗口中选择素材"墨迹c.jpg"，拖曳入合成"分镜头2"，并放在汽车层和背景层之间。

（6）缩小层"墨迹C"到90%左右，旋转90°。

（7）新建一个固态层，命名为"墨迹"，放在层"墨迹C"和"背景"之间。选择路径工具，参照"墨迹C"的形状在层"墨迹"上绘制如图10.53所示的路径。

（8）暂时关闭层"墨迹C"的显示以方便下面的操作观察，为层"墨迹"应用3D Stroke特效，将颜色设置为黑色，描边宽度设置为115，羽化程度调到45。

（9）在影片开始位置激活End参数关键帧记录器，将其设置为0；在影片结束位置将End参数设置为100。

（10）播放动画，可以看到现在的描边效果是匀速运动。下面来产生一个变速的描边效果，先是快速描到一半多，然后慢慢完成后半段的描边，这样可以增加整个影片的韵律感觉。

（11）拖曳时间指示器到End参数的70位置，产生一个关键帧，然后拖曳该关键帧到影片的第5帧位置。

（12）为层"墨迹"应用S-WarpBubble，在Animation Presets下拉列表中选择第一个分镜头时存储的模板，将Octaves参数设置为4，效果如图10.54所示。

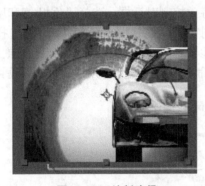

图10.53　绘制路径

图10.54　泼墨效果

（13）使用层"墨迹C"的亮度作为蒙版对层"墨迹"的描边效果进行遮蔽。在层"墨迹"的"轨道蒙版"下拉列表中选择亮度反转蒙版"墨迹C.jpg"，效果如图10.55所示。

（14）为影片加入字幕。选择文字工具T，在合成预览窗口中单击，输入"动感传奇"。选择一种符合影片风格的字体，如隶书。设置字体、字号、字间距等，效果如图10.56所示。

（15）为文字设置字间距动画。展开文本层的文字属性，在"动画"下拉列表中选择"跟踪"。

（16）在影片的开始位置激活"跟踪数量"参数关键帧记录器，将其设置为260；在10帧位置将其设置为24；在影片结束位置将其设置为16，如图10.57所示。

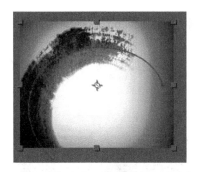

图 10.55　轨道蒙版

图 10.56　字体设置

图 10.57　文字跟踪参数设置

（17）按 P 键展开文本层的位置属性，从影片开始位置到结束位置制作一个微小的水平位移动画，大概移动 20 个像素的距离就可以了。

（18）在影片的开始位置将文本层的"透明度"属性设置为 0；在 5 帧左右位置将其设置为 100。

第二组分镜头到这里就制作完毕了。在本例中主要应用"轨道蒙版"产生一个有型的描边效果。使用 S-WarpBubble 特效的主要目的是产生墨迹流动和描边时笔触末尾的不规则形状。

》》3. 分镜头 3

在这个镜头中将利用素材制作水墨山水的背景，并学习使时间重置的工具。

（1）以素材"CARD"产生新合成"分镜头 3"。

（2）切换到"分镜头 1"，按 F3 键展开其特效控制对话框。选择"色相/饱和度"和"曝光"特效，按 Ctrl+C 组合键复制特效，切换回"分镜头 3"。选择层"CARD"，按 Ctrl+V 组合键粘贴特效，调色效果被应用到目标层上。

（3）新建一个固态层，并命名为"背景"，放在汽车层下方，绘制路径，如图 10.58 所示。

（a）

（b）

图 10.58　绘制路径及参数设置

（4）在合成中加入水墨山水的背景。选择素材"山水.jpg"，拖曳入合成"分镜头3"，放在层"背景"下方，缩小到合适的大小。

（5）本例只需要远山的效果。在层"山水"上绘制如图 10.59 所示的遮罩，设置合适的柔化度，将远山以外的景物去除。

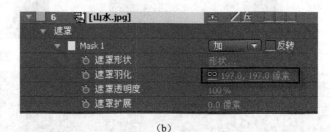

（a）　　　　　　　　　　　　　　　　　　　（b）

图 10.59　遮罩的绘制

（6）为层"山水"应用"色相/饱和度"特效，激活"彩色化"选项，将色相调为群青，并降低饱和度，如图 10.60 所示。

图 10.60　"色相/饱和度"特效

（7）现在水墨的效果还不是很浓，下面让它加重一点。选择层"山水"，按 Ctrl+D 组合键创建一个副本，将上方"山水"的层模式设为"叠加"。

（8）用鼠标右键单击下方的层"山水"，为其应用"快速模糊"和"色阶"特效，降低饱和度、提高模糊度，并调整柱形图使对比度加强，且整体变黑，如图 10.61 所示。

（9）制作墨迹的效果。选择素材"墨迹 A.jpg"，拖曳入合成"分镜头 3"，放在汽车层和背景层之间，缩小该层，调整位置。

（10）新建一个固态层，将其大小设为 350×300，选择滴管工具，吸取远山的浓墨颜色，命名为"墨迹"，并在合成窗口中移动到和"墨迹 A"重合的位置，如图 10.62 所示。

（11）按照上面墨迹的形状，在层"墨迹"上绘制遮罩，如图 10.63 所示。

（12）关闭层"墨迹 A"的显示，将时间指示器移到 1 秒 5 帧的位置，按 M 键展开遮罩属性，激活关键帧记录器；移动到 16 帧位置，修改遮罩的形状，如图 10.64 所示。

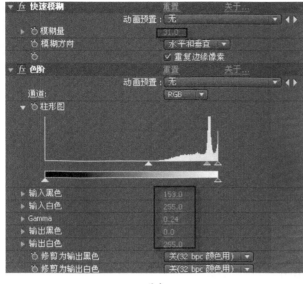

（a） （b）

图 10.61 "快速模糊"和"色阶"特效

图 10.62 调整位置

图 10.63 绘制遮罩

（13）在当前位置按 Ctrl+Shift+D 组合键截断层"墨迹"，将前半部分删去。

（14）为层"墨迹"应用 S-WarpBubble 特效，产生边缘腐蚀效果。将 Amplitude 参数设置为 0.4，它控制边缘腐蚀的强度。将 Frequency 调为 4.5，降低边缘复杂度；将 Octaves 设置为 3，产生的效果如图 10.65 所示。

图 10.64 修改遮罩的形状

图 10.65 应用 S_WarpBubble 特效

（15）对比墨迹 A 可以发现，现在的墨太"实"了，没有那种水乳交融的"水墨"效果。接下来添加一个特效，实现"墨"的水化。选中"墨迹"层，选择"效果"→"风格化"→"粗糙边缘"命令，设置其参数，如图 10.66 所示。

图 10.66　粗糙边缘设置

（16）可以看到，现在还不是所需要的效果，图像虚成了一片，完全没有了笔触的细节。接下来要做的非常简单，在特效控制面板中调转两个特效的顺序，将"粗糙边缘"放在"S-WarpBubble"之前。

（17）在层"墨迹"的轨道蒙版下拉列表中选择"亮度反转遮片墨迹 A"，效果如图 10.67 所示。

图 10.67　效果

（18）对汽车进行调整，首先加入汽车的阴影，选择素材"CARD_Shadow"，将其导入合成"分镜头 3"，并放在"CARD"的下方。

（19）使汽车速度变化。可以看到，现在汽车是匀速驶入画面的，需要的效果是让汽车快速驶入画面，然后突然变慢，以慢镜头方式缓缓前进。

（20）为了方便调整，把汽车的图层和阴影的图层合在一起。选中层"CARD"和"CARD_Shadow"，选择"图层"→"预合成"命令，重组两个层，并命名为"汽车"。

（21）选定重组层，选择"图层"→"时间"→"时间重置"命令或按 Ctrl+Alt+T 组合键，为其应用时间重置命令，可以看到，重组层上出现了"时间重置"属性，并自

234

动在首尾产生了两个关键帧。移动时间指示器到影片的 1 秒 17 帧位置，在关键帧导航栏中单击，新建一个关键帧，移动新建的关键帧到合成的 15 帧的位置，如图 10.68 所示。

图 10.68 "时间重置"设置

（22）下面分析一下前面的操作。将影片原来的 1 秒 17 帧的关键帧移动到现在的 15 帧位置，这意味着原来长达 42 帧的片子现在要在 15 帧之内播完，自然就产生了快进的效果。关键帧的前移意味着剩下的 8 帧影片要在 35 帧的时间内播完，自然就产生了慢动作的效果。

（23）做一个加减速的调整。在"时间线"窗口中单击"图形编辑器"按钮，在中间的关键帧上单击，将其转化为贝塞尔关键帧，调整贝塞尔句柄，如图 10.69 所示。

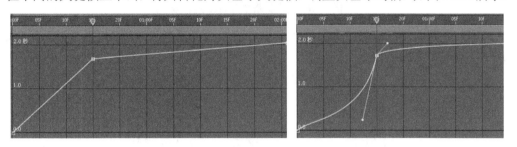

图 10.69 贝塞尔关键帧句柄调整

（24）播放影片，可以看到，在慢动作部分，汽车抖得比较厉害，毕竟将 8 帧影片拉长到 35 帧，速度变化太大了，所以需要使用帧融合技术改善一下。

（25）在"项目"窗口中双击重组层"汽车"，打开重组层开关，将两个层面板中的帧融合开关切换到斜实线状态，如图 10.70 所示。

图 10.70 帧融合

第三组分镜头到这里就制作完成了。

4. 分镜头 4

分镜头 4 的制作方法与分镜头 3 类似，但是在墨迹方面需要制作多层墨迹，以产生汽车从墨迹上滑过的效果。

（1）以素材"CARB"产生新合成"分镜头 4"。

（2）切换到"分镜头 1"，按 F3 键展开其特效控制对话框，选择"色相/饱和度"特效和"曝光"特效，按 Ctrl+C 组合键复制特效，切换回"分镜头 4"。选择层"CARB"，按 Ctrl+V 组合键粘贴特效。可以看到,调色效果被应用到目标层上。

(3)在合成中新建一个灰蓝色的固态层,放在最下层,命名为"背景",绘制路径并设置其参数如图 10.71 所示。

（a）

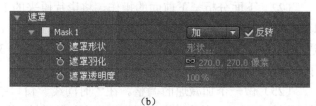
（b）

图 10.71 绘制路径并设置其参数

(4)新建一个固态层,命名为"黑色墨迹",放在汽车与背景之间,画一条直线路径,如图 10.72 所示。

图 10.72 直线路径

(5)为层"黑色墨迹"应用 3D Stroke 特效,将颜色设置为黑色,加大描边宽度,提高羽化程度,设置参数如图 10.73 所示。

（a）

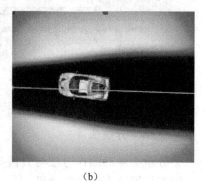
（b）

图 10.73 3D Stroke 特效参数设置

(6)设置墨迹从右侧向左侧泼洒的动画,在影片的 1 秒位置,按 M 键展开遮罩属性,激活关键帧记录器,到影片开始位置,调整遮罩的形状,如图 10.74 所示。

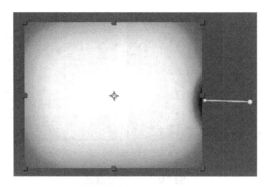

图 10.74　遮罩的形状调整

（7）制作墨迹效果，应用"粗糙边缘"特效，产生一个湿边的墨迹，如图 10.75
所示。

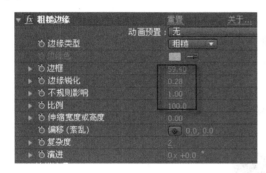 

图 10.75　"粗糙边缘"特效

（8）制作墨迹的硬边喷洒效果，应用 S-WarpBubble 特效，载入"墨迹"模板，效
果如图 10.76 所示。

图 10.76　效果图

（9）汽车在墨迹上走过，应该有滑开墨迹的效果。选择"黑色墨迹"层，按 Ctrl+D
组合键复制层"黑色墨迹"，将处于上方的墨迹改名为"白色墨迹"，并对其相关参数
进行修改，展开 3D Stroke 特效，将颜色改为白色，缩小描边宽度，增大"粗糙边缘"
特效的蚀化宽度，具体参数设置如图 10.77 所示。

（a）

（b）

图 10.77　参数设置

（10）对路径动画进行调整，让描边跟着汽车的运动轨迹走。展开层"白色墨迹"的"路径"属性，删除 1 秒位置的关键帧，到影片的结束位置，调整路径形状，如图 10.78 所示。

（11）在白色和黑色墨迹的融合部分做一些灰蓝色的墨迹，让融合效果更加逼真。选择层"白色墨迹"，按 Ctrl+D 组合键，产生一个副本，把处于下方的层更名为"深蓝色墨迹"，如图 10.79 所示。修改 3D Stroke 特效参数，加大描边宽度，修改描边颜色，如图 10.80 所示。

图 10.78　路径形状

图 10.79　层的摆放

（12）在影片结束位置对"深蓝色墨迹"的路径做简单的调整，让路径更长一些，效果如图 10.81 所示。

图 10.80　参数修改

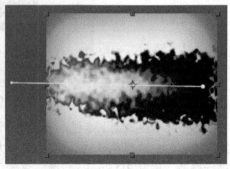

图 10.81　调整路径

（13）加入字幕。选择文字工具 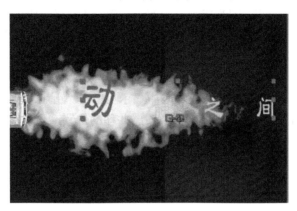，在合成预览窗口单击，输入"动静之间"。选择一种符合影片风格的字体，如隶书。设置字体、字号、字间距等，效果如图 10.82 所示。

图 10.82　文字效果

（14）为文字设置字间距动画。展开文本层的文字属性，在"动画"下拉列表中选择"跟踪"。

（15）在影片的开始位置激活"跟踪数量"参数关键帧记录器，将其设置为 260；在 10 帧位置将其设置为 24；在影片结束位置设置为 62，如图 10.83 所示。

图 10.83　文字跟踪

（16）按 P 键展开文本层的位置属性，从影片开始到结束位置制作一个微小的水平位移动画，大概移动 20 个像素的距离就可以了。

（17）在影片的开始位置将文本层的"透明度"属性设置为 0；在 5 帧左右位置将其设置为 100。

分镜头 4 制作完毕。这里主要在多个墨迹层中通过修改墨迹颜色、宽度，最后产生了融合的效果。下面来制作影片的最后一个分镜头，这个镜头中将制作水墨山水的背景，并学习手写字的制作方法。

5. 分镜头 5

（1）新建一个合成，命名为"分镜头 5"，长度为 3 秒。

（2）切换到"分镜头 3"，选择层"背景"、两个"山水"层，按 Ctrl+C 组合键复制特效，切换回"分镜头 5"，按 Ctrl+V 组合键粘贴特效，并修改 3 个层的出点至影片结束。

（3）在合成中加入汽车。在"项目"窗口中选别选择素材"CARC"和"CARC-Shadow"，按 Ctrl+F 组合键，在弹出的对话框中修改帧速率为 99，这是为了让后面的变速更平滑，所以在三维软件中使用高的帧速率输出影片。

（4）选择素材"CARC"和"CARC-Shadow"，将其拖曳入合成"分镜头 5"，按照上面几个例子的方法复制调色特效，粘贴到层"CARC"上。

（5）播放影片并对背景和远山进行调整，把背景的遮罩调大一些，留出更多的白色，而远山需要缩小一点，因为远山是由两个层混合而成的，所以需要同时进行调整。这里使用父子关系的办法来进行缩小操作。

（6）在"时间线"窗口中层"山水"的父级面板中单击，按住鼠标左键，可以看到，出现一条连线，将它拖曳向上方的层"山水"，在二者之间创建一个父子关系。可以看到，下方层"山水"的父级下拉列表中显示上方层"山水"已成为自己的父对象。

（7）选择作为父层的"山水"，缩小该层并移动位置，可以看到，另一个山水层跟着变化。注意缩小后对两个层的遮罩进行调整，父子关系只针对变换属性生效，所以遮罩还得一个一个地调。

（8）展开处于下方的层"山水"，把柱形图调整一下，让墨迹淡一点，如图10.84所示。

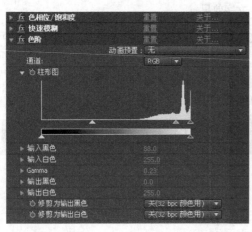

图 10.84　直方图调整效果

（9）为使汽车产生变速的效果，还是和"分镜头3"一样，由快到慢。选择层"CARC"，按 Ctrl+Alt+T 组合键，为其应用"时间重置"命令。移动时间指示器到影片的 2 秒 18 帧位置，在关键帧导航栏中单击，新建一个关键帧。将新建的关键帧移动到合成的 15 帧位置，移动末尾的关键帧到合成的 2 秒 10 帧位置，产生定格效果。

（10）单击▧按钮，打开曲线图表，如图10.85所示是调整关键帧曲线。

（11）时间指示器移到影片的开始位置，选择层"CARC"的"时间重置"属性，按 Ctrl+C 组合键复制属性，选择层"CARC-Shadow"，按 Ctrl+V 组合键粘贴属性。

（12）可以看到，汽车的边缘出现一些白边，在轮胎和阴影部分尤其明显。下面对其进行处理。用鼠标右键单击层"CARC"，选择"效果"→"蒙版"→"简单抑制"命令，将"蒙版抑制"设为-1，扩展蒙版，白线被挡住了。

（13）将汽车和阴影的帧融合开关▤打开，可以看到运动模糊的效果。这是次一级的帧融合效果，但是速度能快很多。

（14）暂时关闭合成的帧融合开关，进行下面的制作，输出影片时再打开它。

（15）选择素材"墨迹 C.jpg"，将其从 1 秒位置拖曳入合成"分镜头 5"，放在汽车阴影之下，旋转 90°，并缩放、翻转、移动层到合适位置。

（16）新建一个固态层，命名为"墨迹"，将入点拖曳到 1 秒位置、"墨迹 C"的下方，如图 10.86 所示，根据"墨迹 C"来绘制路径。

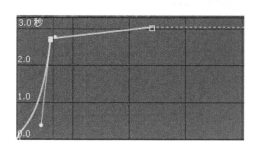

图 10.85　曲线图表

图 10.86　位置及路径

（17）关闭"墨迹 C"，为层"墨迹"应用 3D Stroke 和 S_WarpBubblee 特效，调整参数，如图 10.87 所示。

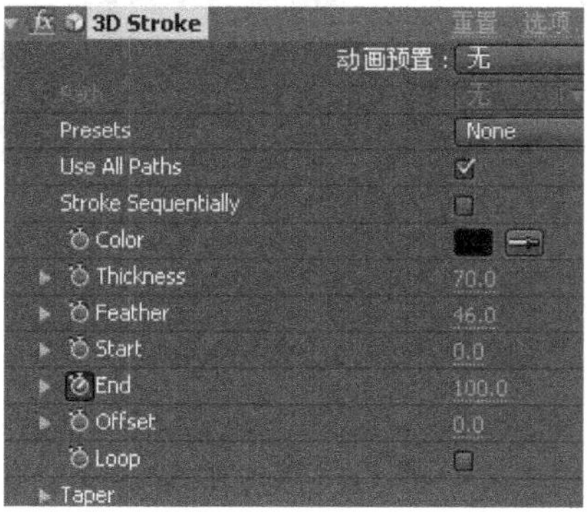

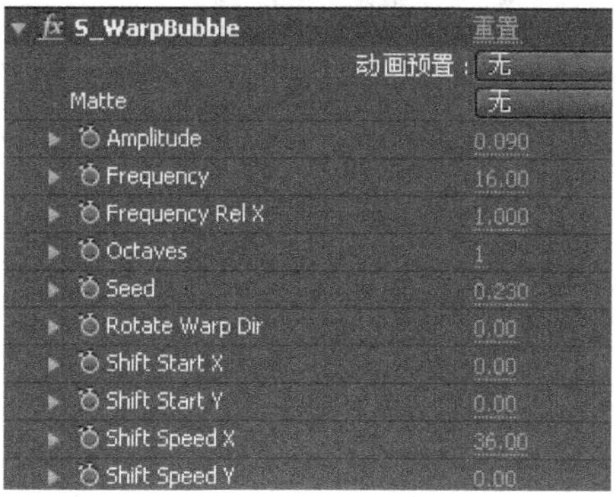

图 10.87　调整参数

（18）为 3D Stroke 的 End 参数设置动画产生描边效果，在 1 秒位置激活 End 参数关键帧记录器，将其设置为 0；2 秒 11 帧位置设置为 100。

（19）在层"墨迹"的轨道蒙版下拉列表中选择亮度反转蒙版"墨迹 C.jpg"。

（20）墨迹的效果制作完毕。读者可自行研究给片段加入手写体的动画。加入动态"骥知远道"艺术字效果。

（21）加入字幕和 Logo。选择文本工具，在合成窗口中输入"新一代超级跑车"，修改字体和颜色，如图 10.88 所示。

（22）为字幕设置动画。展开文本层属性，在"动画"下拉列表中选择"透明度"，将其设置为 0。在动画 1 的"添加"下拉列表中选择"特性"→"缩放和字符偏移"命令，将缩放设置为 1000，字符偏移设置为 50，如图 10.89 所示。

图 10.88　文本效果

（23）展开"选择范围"，在 4 秒位置激活 Start 关键帧记录器，将其设置为 0，在 4 秒 20 帧左右将其设置为 100，出现字符变幻，由大到小逐个飞入屏幕的效果，如图 10.90 所示。

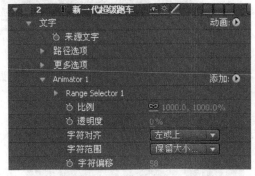

图 10.89　设置缩放和字符偏移

图 10.90　字符变幻

（24）加入奔驰 Logo。选择素材 Logo，将其拖曳到合成中，大约在 4 秒 8 帧的位置，缩放大小，并设置淡入动画。

6. 合成

（1）新建一个合成，命名为"合成"，长度为 20 秒。

（2）导入素材"泼墨.mov"和"MUSIC.mp3"到"项目"窗口中。

（3）依次将五个镜头和素材拖曳到"时间线"窗口中并连接，如图 10.91 所示。

图 10.91　五个镜头和素材在"时间线"窗口中的摆放

（4）将背景音乐"MUSIC.mp3"拖曳入"时间线"窗口中并设置淡出效果。

（5）渲染输出。

在后面的合成输出部分，读者也可以将其与 Premiere 软件结合，在 Premiere 中剪辑输出，After Effects 和其他 Adobe 软件可以联动，实现无缝衔接。

10.4　知识拓展：After Effects 与 Illusion 的结合

Illusion 是 Impulse 开发的一个粒子动画系统，它具有超级强大的粒子功能，它的功能让很多三维软件的粒子系统都为之逊色，通过它可以制作非常真实的爆炸、星光、烟、水和变化背景等效果。

Illusion 有两个最大的特点。

（1）快。Illusion 中所有的粒子效果都实时显示，都可以实时渲染；操作起来非常简单，没有反复的菜单命令，采用以时间线为基础的动画方式。

（2）多。Illusion 中的粒子内容丰富、种类多，开放的程序接口让任何人都可以轻松地制造出属于自己的粒子。而且这些粒子库可以通过互联网免费下载，目前已经有几百种粒子了。

After Effects 的粒子系统本身也很强大，只是速度很慢，它的复杂性导致学起来很费力，因此将 Illusion 作为补充，能够帮助人们通过 After Effects 完成复杂的工作。

Illusion 还有一个强大的功能——图层。图层的应用使它与 After Effects 又有了一定的联系和相似性，使之结合得更加紧密。

▶1．两者结合使用的方法

将 After Effects 与 Illusion 结合使用时，一般采用下列两种方法。

（1）在 After Effects 中完成所有动画的制作后，将结果输出为 Illusion 可以识别的格式，如.avi、.tga 图片序列等，然后以背景的形式导入 Illusion 中，再添加粒子。

（2）在 Illusion 中完成粒子动画，将动画的结果渲染成带通道的图片序列，然后到 After Effects 中进行合成。

▶2．两者结合的注意事项

在 Illusion 中进行粒子动画渲染输出时，有两个应注意的事项。

（1）必须保证粒子动画主窗口以 100%的比例显示。Illusion 采用 OpenGL 直接刷屏的方式完成粒子显示，如果对粒子动画窗口比例进行缩放，会导致渲染结果不真实，所以一定要在渲染前检查合成窗口的比例。

（2）必须保证渲染时合成窗口不被遮挡。Illusion 是用采样 OpenGL 拷屏的方式来渲染输出的，所以在 Illusion 进行渲染的过程中，如果有其他软件窗口挡住了 Illusion 粒子的显示，将会得到错误的结果。

思考与练习

1．填空题

（1）Illusion 是 Impulse 开发的一个_____系统，它具有超级强大的_____功能，它的功能让很多三维软件的粒子系统都为之逊色，通过它可以制作非常真实的爆炸、星光、烟、水和变化背景等效果。

2. 选择题

（1）After Effects 在转换过程中不会转换 Premiere 中素材的哪些内容？

　A. 不透明度信息；　　　　　　　B. 缩放信息；

　C. 中心点信息；　　　　　　　　D. 位移信息。

（2）按下大写锁定键后：

　A. 素材更新，其他不变；

　B. 层更新，其他不变；

　C. 层和合成图像窗口更新，其他不变；

　D. 所有素材层合成图像窗口都停止。

（3）当合成 B 的图层存在时，下列描述正确的是：

　A. 合成 B 与其产生的图层会产生互动的关系，对一方的改动必然影响到另外一方；

　B. 对合成 B 的改动会影响到其产生的图层，对图层的操作则对合成 B 不产生影响；

　C. 合成 B 会受到其产生的图层 r 的影响，但是对合成 B 的操作不影响其产生的图层；

　D. 合成 B 与其产生的图层之间不产生影响。

3. 简答题

怎样在 After Effects 中调用 Premiere 项目文件？